RENSHI DIZHEN CONGSHU

认识地震丛书

U0696069

地震的奥秘

只有全面认识地震，才能正确地对待地震。只有了解地震的成因和分布特点，了解地震中的救护知识和地震后的防疫知识等，才能真正做好有效的防震准备，在地震来临的时候不恐慌，冷静应对。

本丛书编委会

原英群 王晖龙 于 始◎编

世界图书出版公司

广州·北京·上海·西安

图书在版编目（CIP）数据

地震的奥秘/《认识地震丛书》编委会编．—广州：广东世界图书出版公司，2009.9（2024.2重印）

（认识地震丛书）

ISBN 978 – 7 – 5100 – 0720 – 0

Ⅰ．地…　Ⅱ．认…　Ⅲ．地震—基本知识　Ⅳ．P315.4

中国版本图书馆 CIP 数据核字（2009）第 146655 号

书　　名	地震的奥秘
	DI ZHEN DE AO MI
编　　者	《认识地震丛书》编委会
责任编辑	魏志华
装帧设计	三棵树设计工作组
出版发行	世界图书出版有限公司　世界图书出版广东有限公司
地　　址	广州市海珠区新港西路大江冲 25 号
邮　　编	510300
电　　话	020-84452179
网　　址	http://www.gdst.com.cn
邮　　箱	wpc_gdst@163.com
经　　销	新华书店
印　　刷	唐山富达印务有限公司
开　　本	787mm×1092mm　1/16
印　　张	13
字　　数	160 千字
版　　次	2009 年 9 月第 1 版　2024 年 2 月第 7 次印刷
国际书号	ISBN　978-7-5100-0720-0
定　　价	49.80 元

"光辉书房新知文库"

总策划/总主编:石　恢

副总主编:王利群　方　圆

本书作者

原英群　科普作者

王晖龙　科普作者

于　始　资深编辑

序　言

中国是一个地震灾害极其严重的国家，国内的地震具有频度高、分布广、震源浅、强度大和成灾率高等特点。地震灾害在我国是名副其实的群灾之首，根据有关部门的统计，我国自然灾害死亡人口中，死于地震灾害的占一半以上。新中国成立以来，我国发生了多次特大地震，其中以 1976 年发生的唐山大地震和 2008 年发生的汶川大地震最为典型，都造成了巨大的人员伤亡和财产损失。地震灾害严重威胁着人民的人身和财产安全，对我国经济社会的发展也起着制约作用。

早在 1997 年，我国就制定了《中华人民共和国防震减灾法》，标志着我国的防震减灾工作已经纳入到法制化管理的轨道。在汶川大地震发生以后，吸取了地震中的经验和教训，我国又组织专家、学者对《防震减灾法》进行了较大规模的修订，新修改的《中华人民共和国防震减灾法》已由中华人民共和国第十一届全国人民代表大会常务委员会第六次会议于 2008 年 12 月 27 日通过，并于 2009 年 5 月 1 日起开始施行。从中我们可以看出国家对地震灾害的重视程度。

提高包括青少年朋友在内的广大民众的科学素养和应对灾害的能力，是我国实行科教兴国战略的具体要求，也是我们编写这套丛书的宗旨。

本套"认识地震"丛书，主要包含以下四方面的内容：

第一，普及地震常识，教给人们在地震发生时自救互救的方法。通过介绍各种避震的要诀，让人们掌握基本的避震方法，以及地震发生后的自救与互救技巧。

第二，介绍一些急救的知识，让人们学会紧急救护的方法。地震发生以后，往往会发生伤员出血、骨折等各种伤害的情况，因此，掌握特殊情况下的紧急救治措施，也是非常必要的。

第三，介绍震后的防病防疫知识，让人们能够做到自觉远离病疫。震后的灾区，面临着病疫流行的威胁，因此，针对震后灾区的防病防疫就必不可少，这也是人们应该了解的基本常识。

第四，介绍震后的心理康复知识，帮助受灾群众早日走出心理创伤的阴影。地震不仅会对人们的身体造成伤害，地震中的心灵创伤也是不可避免的，并且在很多情况下，地震灾后的心灵创伤与地震瞬时的伤害相比，要更为持久、更为严重，因此，地震灾后的心理康复问题，是所有经历地震的人们都必须经历的个人心理调适过程，也是一个包括震区在内的全社会的心理重建的过程。

目前，人类还无法完全控制地震，但只有全面认识地震，才能正确地对待地震。通过增强人们自我保护的意识，树立人们防灾害避害的信心，真有一天地震不幸来临之际，我们才有足够的知识、能力和勇气，去面对地震，并将地震可能带来的危害降到最低。

王苹

成都市社科联副主席、社科院副院长

目录｜Contents

Contents 目录

第四章　中国历史上的大地震

目录|Contents

Contents|目录

第一章

5·12，地震来了

2008年5月12日14时28分左右，人们都感觉大地动了一下，"地震了！"就在刹那之间，山河变色，数万人阴阳两隔。汶川地震，成为我们面对地震最直接、最感撼的教材。

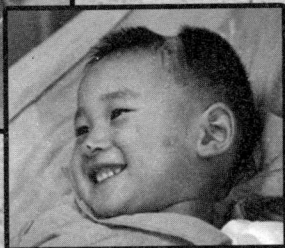

汶川县位于四川盆地的西北部，矿产资源和动植物资源富足，旅游资源更是别具一格，拥有卧龙自然保护区、三江生态旅游风景区等自然景观，以及禹、羌文化和三国文化遗址等人文景观资源。汶川县既是"中国民族民间艺术之乡——羌绣之乡"，也是"动物活化石——大熊猫"的故乡，共有10多万人生活在这里。

2008年5月12日这天，一切都仿佛和往常没有什么两样，人们按着自己固有的节奏工作着、生活着……到了下午两点钟，人们依然没有感觉到什么，街上人来人往，学生在教室上课，有位妈妈正在家里给宝宝喂奶，两名游客打算和可爱的大熊猫合影，但熊猫仿佛有些烦躁不安……谁也不知道一场巨大的灾难正在步步逼近。

时间到了2008年5月12日14时28分左右，人们都感觉大地动了一下，"地震了！"就在刹那间，山河变色，数万人阴阳两隔。

时间停留在了14点28分

1. 那一刻，山摇地动

汶川地震造成长达 300 多千米的地表破裂，破裂时间持续约 80 秒，断层从汶川县映秀镇向东北方向一直延续至青川县一带，地震裂缝、地震鼓包、地震隆起等地面破坏现象随处可见，最大地面隆起达到 6 米。断层穿过之处山河改观，道路、桥梁、房屋等各类建筑物也纷纷摧垮。

地震造成的崩塌、滑坡等次生灾害非常严重。当飞机掠过灾区上空时，可以看见下面满目疮痍，整个山体就像被开肠剖肚一般，到处是滑坡、崩塌、泥石流。崩塌、滑坡堵塞河道，形成许多极具威胁的堰塞湖，而局部地区还因为滑坡而掩埋或砸坏大量的房屋。根据国土资源部对极震区映秀拍摄的航空影像，那里没有受到改变的地表面积，仅占约 20%。公路、桥梁、电站，不是被震毁，就是被掩埋。北川县城位于山坳之中，地震造成两山大面积滑坡，几乎把两山之间的县城完全埋住。漩坪乡中学处在一条河的边上，两边都是山，地震将两边的山都挤到了一起，河水成了一个大湖泊并将学校整个淹没。

2008 年 5 月 12 日 14 时 28 分，那一刻对于亲历者来说，情景仍然历历在目。

碎石就像流水一样碾过了我的家

地震亲历者（彭州市龙门山镇谢家店子村谢某）：地震时我正在门口忙活。突然间，一阵地动山摇，接着轰鸣声振聋发聩，瞬间大脑一片空白，我本能地向外跑去。没想到后脚刚踏出屋门，碎石就像流水一样碾过了我的家。

村庄在泥石流中瞬间消失

地震亲历者（游客杨某）：地震发生时，我所乘坐的客运大巴车刚刚驶过汶川县映秀镇，地震发生时，我看见紫坪铺水库的水位猛涨，我还看见山上的村庄在泥石流中瞬间消失。场景十分可怕。

浓烟过后，宿舍轰然塌了

地震亲历者（银厂沟度假者）：5月12日下午2点半左右，我正同几位来休闲的人在后院打麻将，突然听见一阵轰轰声，我想什么推土机有这么大的声音，我还没有回过神来，大地开始上下抖动，然后摇晃了起来——地震！！！我马上跑到我的菜地中间，其他几个人也跑了过来，我们四个人蹲在那儿，随着地面的震动剧烈摇晃。我们眼见面前的三层楼房在震动中晃动开裂，房子的两端首先垮塌。一股浓烟过后，一栋60年代建造的宿舍（原岷山齿轮厂宿舍）轰然塌了，只剩下中间一个单元颤颤巍巍地立在那里，墙体大面积开裂，门窗已经震掉了，一地的碎玻璃。整个地震经过了约4分钟，我们回头看看周围的房屋：有的被夷为平地，有的残缺不堪。

我们的学校刹那间便不复存在了

地震亲历者（北川中学学生王某）：在5月12日下午2点半左右，我们班在高高兴兴地上着体育课，突然大地猛地一摇，我们还没有反应过来，只听见老师们大喊："地震了，大家快跑！"老师们话音刚落，我们下意识地挪动了一两步时，教学楼在猛烈的震动中塌了，山上的石头和山一起垮了下来，我们的学校刹那间便不复存在了。大家在地面剧烈的震动中，纷纷摔倒在地。这时漫天的尘土，两眼看不见一切。当时我趴在地面上，只知道双手蒙着头，用衣袖挡住双眼不让沙尘进入眼中。脑子里一片空白，什么也没有想。

突然一声轰响，简直是山崩地裂

地震亲历者（导游易某）：5月12日下午2点半左右，当地震突如其来时，我刚带团离开汶川，沿着崎岖的山路赶往都江堰。我们的位置就在汶川与都江堰交界处，当时汽车行进在一处险峻的弯道上，左边是湍急的江水，右边是陡峭的山坡。突然一声轰响，简直是山崩地裂，右侧的山体出现滑坡，石土不断从山上滚下，不时有细碎的泥块滑到路侧。随着滚落的山石不断增多，车辆的危险一步步增加。突然前排的乘客发现，右前方的山坡上一大块石土正席卷而下，当时司机师傅当机立断，紧急踩下了油门，随后，大块的山石瞬时滚在了车后。如果慢了一秒，石头就会滚砸到车上，车辆很可能因此翻滚，那真的是不堪设想。

尖叫声、哭喊声混杂着山体崩裂的
怪响声，交织成一片

地震亲历者（游客夏某）：当时是下午 2 点 28 分左右，我带着 17 位旅客，刚登上九寨沟顶端的原始森林，突然感觉山体摇晃，还未等我们反应过来，脚下的山体已经开裂了。就 1 分钟不到的工夫，脚下 20 多厘米的裂口随处可见。就当众游客惊魂未定，注意着自己脚下动静时，突然地下传来山崩地裂的巨响。当时耳边除了游客的惊叫声，就是那怪响声，山体严重开裂后，附近其他小山上石块哗啦直往山下滚。石块刚滚起来，大面积的塌方就开始了。幸亏我们

滚石从山上滑落

在山上，山峰附近只是山体开裂，滑坡还不是很严重。当时山顶附近至少有百余名游客，尖叫声、哭喊声混杂着山体崩裂的怪响声，交织成一片。

……

2. 那一天，生离死别

大地震在刹那之间夺取了数万人的生命，根据统计资料，汶川地震共造成69229 人死亡，374643 人受伤，17923 人失踪（截至 2008 年 10 月 8 日 12 时）。数字背后该有多少家破人亡、妻离子散，该有多少难以抚平的伤痛……生死别离，这种人世间最悲惨的经历在此时以这样一种突兀的形式成为平常事。

哭泣的亲人

几公分的水泥板，却已是生与死的距离

53 岁的韩学惠是什邡市蓥华镇仁和村村民，地震发生后，她拖着一条骨折的腿和老伴侯世洪在废墟中挖了两天两夜，被埋在其中的女儿还是走了。"我们是看着她一点一点死的。"韩学惠说，12 日地震时，她在厨房，突然锅就跳了起来，她赶紧往外跑，一刹那间，

两层的楼房就垮下来了，倒下来的砖块砸中了她的腿脚，但她还是挣扎着到了院子里。但她28岁的大女儿何代琴却没办法走出来，一番死一般的沉寂后，韩学惠想起里面还有女儿，赶紧撕心裂肺地喊着女儿的名字，许久后，传来女儿的哭声："妈妈呀，你来救我啊！"但到处都是水泥板，只能听到声音，见不着人。她又搬不动这些水泥板。后来，老伴从外面惊魂未定地回来了，两人发了疯地扒开废墟，喊着女儿的名字。女儿在里面喊："妈妈，快来救我呀！"两位老人一块一块地搬走能搬动的木块和石块，期望接近女儿，几个小时过去了，但总有些巨大的水泥预制板挡着，成了不可逾越的障碍。能听到女儿的声音，却一直见不到人。连续两天两夜，两个人都没有停，里面女儿的声音让两位老人也停不下来。但女儿的声音越来越小，呼喊隔的时间也越来越长。终于，14日上午10时后，里面再也没有任何声音了。下午，在当地解放军的帮助下女儿终于被挖出来了，露出来的地方，距离两位老人最后挖开接近的地方，只隔一块几厘米的水泥板，却已是生与死的距离。

那些幼小生命的逝去，让人痛心不已

北川老城废墟的最顶点就是北川县幼儿园。地震发生时园中有500多名孩子，被滑坡气浪推行20多米，全部被埋，只有20多人生还。

救援队员们在现场不停地挖出小花被、小花枕头，然后一个队员

孩子们的书包

伸手下去，拎出了第一个孩子，紧接着是第二个。

地震发生时孩子们正在午睡，死去后也保持着睡觉的姿势，小小的拳头握在胸前。

在大灾难面前，生命的渺小让人悲伤和茫然，但一幕幕感人至深的场景更让人体会到生命的宝贵和爱的博大。

"亲爱的宝贝，如果你能活着，一定要记住我爱你"

一名妇女被救援人员发现时，双膝跪着，整个上身向前匍匐，双手扶着地支撑着身体，有些像古人行跪拜礼，只是身体被压得变形。救援人员从废墟的空隙伸手进去，确认她已经死亡，又冲着废墟喊了几声，用撬棍在砖头上敲了几下，里面没有任何回应。当人群走到下一个建筑物的时候，可能是她那奇怪的姿势让人想起了什么，救援队长忽然往回跑，边跑边喊"快过来"。他又来到她的尸体前，费力地把手伸进女人的身子底下摸索，摸了几下，他高声喊"有人，有个孩子，还活着！"

一个红色带黄花的小被子里，裹着一个孩子，大概只有三四个月大，因为母亲身体的庇护，他毫发未伤，抱出来的时候，他还安静地睡着，他熟睡的脸让所有在场的人感到很温暖。

随行的医生过来，解开被子准备做些检查，却发现有一部手机塞在被子里。医生看了下手机屏幕，发现屏幕上是一条已经写好的短信："亲爱的宝贝，如果你能活着，一定要记住我爱你。"看惯了生离死别的医生，却在这一刻落泪了。手机传递着，每个看到短信的人都落泪了。

给孩子喂下最后的乳汁

5月13日下午，都江堰河边一处坍塌的民宅，数十救援人员在奋力挖掘，寻找存活的伤者。突然，一个令人震惊的场景出现在了人们眼前：一名年轻的妈妈双手怀抱着一个三四个月大的婴儿蜷缩在废墟中，她低着头，上衣向上掀起，已经失去了呼吸，怀里的女婴依然惬意地含着母亲的乳头，吮吸着，红扑扑的小脸与母亲粘满灰尘的双乳形成了鲜明的对比。

当人们小心地将女婴抱起，离开母亲的乳头时，她立刻哭闹起来。看到女婴的反应，在场者无不掩面。

张开双臂，他护住了4个学生

四川省德阳市东汽中学教学楼在这次地震中坍塌，在地震发生的一瞬间，该校教导主任谭千秋双臂张开趴在课桌上，身下死死地护着4个学生，4个学生都获救了，谭老师却不幸遇难。

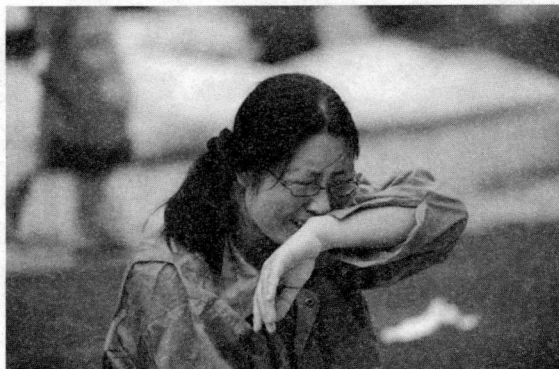

谭千秋的妻子关蓉失声痛哭

不管是普通的生命、幼小的生命还是崇高的生命，都已在大地震中逝去，留给生者的只有欷歔和珍惜。

3. 那一夜，噩梦不断

大地震发生后，余震不断。据资料统计，5月12日、13日两天，四级以上的余震就有95次，几乎每时每刻都在发生。人们如惊弓之鸟，一直提心吊胆，甚至在一些离震中较远的地方，因为担心余震，人们也纷纷露宿街头。在成都、内江甚至河南的资阳等地，很多市民为安全起见，纷纷在广场街头、野外等宽阔地带彻夜露宿。很多地震的亲历者对于余震的情景还是记忆犹新。

地震亲历者（银厂沟度假者）：每次余震都敲击着惊恐的人们那

等待安置的灾民

脆弱的心，被震垮的房子还在不断地垮塌。余震来临前，会听到对面山上一阵阵滚石、山体滑坡的声音，伴着轰轰的声音看见对面山上大面积山石冲进山涧里，紧跟着就听见地下仿佛地铁来了，巨大沉闷的声音由远及近，大地再次剧烈摇晃，旁边的废墟再次倒塌……

地震亲历者（银厂沟度假者）：时间一分一秒过去了，余震的震幅在减弱，但是次数非常频繁。天空下起了小雨，到了晚上12点，余震次数也渐渐减少……深夜3点，一次巨大的震动给稍微平静的心又掀起了波澜，对面的山又在滑坡了，不远处的残垣断壁继续发出垮塌的声音，大家都惊恐地睁大双眼看着小屋的屋顶和墙壁，害怕这小屋经受不住大地的摇动而倒下……深夜4点40分，再一次的巨大震动传来，我感觉小木屋就像狂风暴雨时大海上的小舟，我们坐在这小舟中间，跟随着海浪颠簸，颠簸……

地震亲历者（北川中学学生王某）：那时天已经黑了，我们已经筋疲力尽了，饥饿和困乏缠绕着我们。我们惊了一天的心还没有平静。我根本不敢睡觉，因为我们还怕有大的余震。我们大家背靠着背，肩靠着肩，提心吊胆的直到天亮，我们这时只希望天快一点亮，快一点有人会来救我们。

地震亲历者（某媒体记者）：酒店实行了紧急措施，不再接受新的住客，现有住客的房间也都重新调整，全部往低层挪。我的房间从16楼换到了9楼，从一人间换成了两人间。每个上楼的客人都要登记。当时我是不怕的，而且这时固定电话已经可以和外界断断续续地取得联系了，所以10点半左右，我进了房间一趟接听报社打来的电话。但我很快发现，这种时候一个人待在一个9层的空房间里是很不明智的事情，我可以清楚地听到自己不断加快的心跳声。电视里不停地播放灾区的画面，坐在桌子前，对着镜子，我突然感到一阵眩晕，我怀疑自己是不是意识出了问题。从下午地震到这时，我第一次感到阴森森的恐惧。接完电话，我赶紧坐电梯下到了2楼。楼下的人告诉我，刚才确实又有一次明显的余震，我才明白在房间里的不是错觉。一整夜，我未曾再上楼。

4. 那一震，损失惨重

山崩地陷、房塌桥毁、人死物伤，那么汶川地震造成的损失到底有多大呢？有专家用"千年不遇"、"历史罕见"、"新中国建立以来我国大陆发生的破坏性最为严重的地震"等字眼来形容。据统计，汶川地震共造成 69229 人死亡，374643 人受伤，17923 人失踪（截至 2008 年 10 月 8 日 12 时）。直接经济损失 8451 亿元人民币。四川省最为严重，占到总损失的 91.3%，甘肃占到总损失的 5.8%，陕西占总损失的 2.9%（截至 2008 年 9 月 4 日）。根据灾情评估，确定极重灾区共 10 个县市，分别是四川的汶川县、北川县、绵阳市、什邡市、青川县、茂县、安县、都江堰市、平武县、彭州市；重灾区共 41 个县市区，其中四川省 29 个、甘肃省 8 个、陕西省 4 个；一般灾区共 186 个县市区，其中四川省 100 个、甘肃省 32 个、陕西省 36 个、重庆市 10 个、云南省 3 个、宁夏回族自治区 5 个。

汶川地震受灾范围图

以下为部分重灾县市伤亡情况：

汶川县房屋 1/3 已倒塌，其余的房屋严重受损；映秀镇、漩口镇和卧龙镇等八个乡镇，基本被夷为平地；水磨镇道路、桥梁基础设施严重破坏，山体滑坡、泥石流严重。

茂县农民群众房屋倒塌达 70%～80%，80% 无法居住，100% 受损，交通中断十分严重，滞留游客上千人。地震造成该县 3 万多人丧失家园。

绵阳市的北川、平武、安县受灾特别重大，出现大面积山体滑坡，损失惨重。全市水电设施受损，通讯全部中断。民房倒塌60%，山区倒房80%以上，总数约20万间。道路、水库、桥梁、隧道等基础设施损毁非常严重。

家园痛失

北川羌族自治县县城几乎被夷为平地。北川老县城80%、新县城60%以上建筑垮塌，县城周边山体滑坡，县城上游因山体滑坡形成围堰湖泊，对下游地域形成严重威胁；县城所属曲山镇共2万余人，其中城区内1万余人仅4000多人脱险（2008年5月14日数据），其余人员下落不明。县委大楼也不见踪影，北川中学6至7层高的主教学楼在地震中塌陷，教学楼内21个课室共逾千人除个别逃生外，大部分被活埋。

震后北川一角

安县高川乡和千佛山区一带因地震大面积山体滑坡和民房垮塌，导致2万多人一度与外界的联系完全中断。睢水镇山体多次垮塌，导致约 30 多千米道路隔断；部分路面被山体滑坡掩埋；附近有两个水库出现裂缝，另有 100 辆运矿石的卡车和客车被埋。

什邡多处居民楼房、学校和企业厂区在震中坍塌，其中两个化工厂厂区，有数百人被埋，80 余吨液氨泄漏。位于山区的蓥华、红白、八角、湔底、洛水等乡镇，受灾最为严重，通讯交通全部中断。什邡市共死亡 3000 多人，受伤 3 万余人，倒塌房屋 3.25 万间，经济损失超过 10 亿元。

绵竹市包括两所幼儿园、汉旺镇武都小学在内共 7 所学校倒塌，1700 人被埋。全市 70% 农户房屋倒塌，受灾镇乡 21 个，受灾人数 40 多万人。

青川县全县 80% 以上的房屋倒塌，部分的乡镇被夷为平地，基础设施全面瘫痪，供电、供水、供气、供油、道路交通、通讯等基础设施严重受到破坏。

地震造成公路开裂

剑阁县受地震波及，有 16 人死亡，5522 人受伤，另外有 68 万人牵涉受灾。当地水、电、通讯设施一度中断，房屋、基建设施遭严重破坏。

都江堰市峨乡中学的主教学楼倒塌，至 2008 年 5 月 13 日，420 多名学生仅不到 100 人获救。另一所聚源镇中学的主教学楼垮塌，造成 278 名师生死亡。紫坪铺大坝面板出现裂缝。

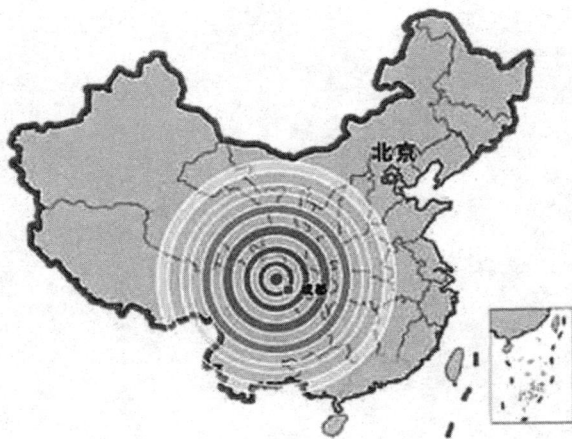

汶川在全国的位置

除重灾区外，北京、上海、天津、宁夏、甘肃、青海、陕西、山西、山东、河北、河南、安徽、湖北、湖南、重庆、贵州、云南、内蒙古、广西、海南、香港、澳门、西藏、江苏、浙江、辽宁、福建、台湾等地均有明显震感。甚至泰国首都曼谷、越南首都河内、菲律宾、日本等地均有震感。

国务院宣布：2008 年 5 月 19 日至 21 日为全国哀悼日！

举国哀悼

附：汶川地震基本资料

时间：2008年5月12日14时28分04.0秒

纬度：31.0°N

经度：103.4°E

深度：14km

震级：里氏震级8.0级，矩震级7.9级

最大烈度：11度

震中位置：四川省汶川县映秀镇

历史背景：

汶川地震是中华人民共和国自成立以来影响最大的一次地震，震级是自2001年昆仑山大地震（8.1级）后的第二大地震，直接严重受灾地区达10万平方千米。

地震类型：

汶川大地震为逆冲、右旋、挤压型断层地震。

震源深度：

汶川大地震是浅源地震，震源深度为10千米~20千米，因此破坏性巨大。

影响范围：

包括震中50千米范围内的县城和200千米范围内的大中城市。

第二章
为什么会有地震

地震就像一场梦魇，到来时往往毫无征兆，却又在瞬间使得山崩地裂，生灵涂炭。人类在恐惧的同时，一直试图解释地震的成因。

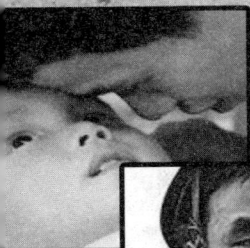

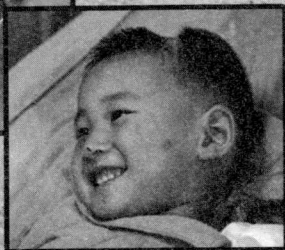

1. 千奇百怪的说法

在古代，对于地震的发生有各式各样的说法。普通老百姓凭着丰富的想象，认为有某种神力维系着大地的安稳与平衡，当这种平衡被打破时就会发生地震。很多民族都世代流传着有关地震的故事和传说。统治阶层却完全从唯心主义出发，认为这是上天对自己的警示，是自己的所作所为让上天不满所致。也有些先哲根据自己的观察与推测，试图对地震作出科学的解释，其中有些现在看来也有合理成分。

古代科技不发达，人们无法科学解释地震成因，往往把地震归结为神力所致，大量的有关地震的故事和传说就流传下来了。

鳌鱼和地震

上古时，大地一直很安宁。它是一块浮在水面上的育石板，由五条鳌鱼专门顶着。其中四条各顶着一个角，一条轮流换班休息。四年休息一次，一次休息一年。

后来出了个姜子牙，他没有事做，就用一枚缝衣针在渭河里钓鱼，还说是愿者上钩。可是一连在那里钓了三年多，连一条鱼也没有钓到。这一天，他突然觉得浮筒往下沉，拉上来一看，是一只大乌龟。这就是那条换班休息的鳌鱼，它游到渭河里来玩，看到别的钩都是弯的，只有这个钩是直的，觉得很好奇，就紧紧地咬住，不料被姜子牙捉住，拿回去吃了。姜子牙也就成了神仙。

可是，这样一来，顶着大地的鳌鱼，就再也没有换班的了。从此，顶累了的鳌鱼只能自己换一下肩。换肩的时候大地就震动一次，有时候震动大了，就会有水呀泥浆呀这些东西随着溅出来。这就是现在常说的地震。

黄山的鳌鱼峰

地藏王挑地担

地藏王又称地藏菩萨，为佛教八大菩萨之一。相传他坐镇地宫，管辖着地宫中的大小狱卒。这些狱卒每年轮换用肩挑着地担，让地上的人安安稳稳地过活。

地藏王有个太子，叫小藏王，从小娇生惯养，非常任性。他看到狱卒们挑地担，很好玩，便吵着要地担。狱卒们怕出事不肯给他。

小藏王仗着父亲的威势，一边骂狱卒，一边就势把地担抢过来。这一抢非同小可，立即山崩地裂，河水倒流，房屋毁塌，人畜伤亡，弄得天地间一塌糊涂。小藏王却一点也不在乎，反而叫"好玩，好玩!"

灶神爷马上上天启奏玉帝，说藏王不好好管教狱卒，造成世间严重灾难。玉帝大怒降旨：小藏王因不遵父命，无故抢挑地担，祸害黎民，本当斩首，怜其年少，打入冷宫，除去星宿之名。地藏王养子不教，犯了天条，革掉管辖狱卒之职，罚他长期挑地担，作办警戒。

因为小藏王抢挑地担，那天正是农历 7 月 30 日，所以到了那一天，人们都点香烛，祭祀、祈求地藏王保佑，不要发生地震。

地藏王

地 牛 翻 身

据我国东南沿海一带民间传说，闽南大地和台湾岛是由一只巨大的牛驮着的，牛身子的不同部位，承载着不同的地区：台湾是处于牛头的部位，牛的身子隐藏于两岸之间的海峡之中，而牛的尾部则驮住了闽南大地。因为牛经常会动动身子，它驮着的大地自然就会产生"地动"（闽台方言把地震称为地动）。而地动也与这头巨大的"牛"有关：牛的头部灵活一些，因此处于牛头部的台湾地区地震发生的频率更高一些，而牛尾部的活动较少，所以闽南地区的地震活动没有那么频繁。而每当有地震发生，闽南地区的人都称之为"地牛翻身"。台湾地区的民众同样会采用这个民间传说来描述地震。1999 年，台湾"9·21"大地震，台湾许多媒体便将"地牛大翻身"作为巨大标题。

公牛角顶地球

在维吾尔族神话中，女天神创造地球的时候，吸收了宇宙中的空气和尘土，然后使劲一吐，就从嘴里滚出来一个大球，这就是地球。地球被吐出来以后，就从天上往下落。因为它特别大，特别重，所以落得特别快，离天越来越远了。女天神怕地球落得太远，连自己也找不到了，便想把地球固定住。她命令公牛用角顶住地球，止住了地球继续沉落。女天神又派一只巨大的乌龟从天上降落下来，爬在她呼出的气变成的水上面，让牛站在乌龟背上顶起地球。公牛用一只角顶地球，时间一长，感到太累了，却又不能把地球扔掉，只好将地球从一只角换到另一只角，这样每倒换一次，就会发生一次地震。

哈萨克族传说中，也有类似的说法。地被上帝刚创造出来的时候总是摇摆不定，于是上帝创造了巨大的神牛，把地安放在牛角上支撑着。有时，地的分量在一只角上的时间太长了点儿，在它快要滑落的时候，牛就要动动头，把它弄平稳，地震也就在这时候发生了。

怪兽抬头

我国土族神话中则流传着怪兽抬头的说法。很久以前，既没有天地，也没有日、月、星斗，不知过了多少万年，天地分开，出现了日月。大地形成后，像个车轮，被气、风、水撑着，震荡不定，这时，一位智慧仙人想了个办法，让一个狗不像狗，虎不像虎的怪兽把大地抱住。谁知这个怪兽不耐烦，总是乱折腾，造成大地震动，生灵涂炭。为此，智慧仙人曾多次警告，但怪兽置之不理，仍然折腾不休。为了制服不听话的怪兽，智慧仙人拿起弓箭，立在东方，向西方的怪兽射去。这一箭正好射中怪兽的腹部，怪兽便立即头朝南，脚朝北，仰面躺倒，箭伤痛得嘴里冒火，再也不敢折腾了。怪兽乞求仙人："你让我抱住大地，但什么时候是个尽头呀？"智慧老人想了一个安抚的办法，将一枝烧焦的木棍插在怪兽的肚脐眼上，说："这木头发芽的时候，你的差事便到尽头了，到那时，你就可以扔掉大地，自由自在地生活。"从此，怪兽便老老实实地抱住大地，不敢胡乱折腾。它期盼肚脐上的木棍早点发芽，有时候抬头往肚脐上看看木头是否发了芽，这时便发生地震。

日本 "地震鲶" 的传说

日本的传说认为，大地是由一条巨大的鲶鱼托着，鲶鱼一甩尾巴，就会造成地震。平时，一位神举着石槌监视着它，可是神偶有松懈，鲶鱼就会乘机翻身。

福岛县的一则传说却是这样讲的：相传，磐梯山顶住着一位明神，他被频繁发生的地震中的落石砸伤了，连午觉也睡不好。于是，明神想到了磐梯山底住着的鲶鱼，因为鲶鱼对地震

地震鲶

很敏感。他让鲶鱼感到地震要来就通知自己。鲶鱼得到这个使命后非常负责，每当感到地震要来，就飞奔到山顶通知明神。但是，明神接到鲶鱼气喘吁吁、十万火急的报告之后，来的却总是微不足道的小地震。明神渐渐感到不耐烦，嫌鲶鱼老是打搅自己的午睡，渐渐疏远了它。有一天，明神终于忍不住大声斥责了鲶鱼："以后只有大地震的时候再来报吧！"鲶鱼沮丧极了。终于一天，有大震将要来临了，鲶鱼慌忙飞奔到明神那里报告，明神正在午睡，很不耐烦地说"别打扰我午睡"，捉起鲶鱼就扔进了猪苗代湖。① 很

① 猪苗代湖位于福岛县近中央，相当于磐梯朝日国立公园的外入口处。此湖被称为日本第四大湖，犹如天镜把磐梯山的英姿映照在湖面上，因而也被称作"天镜湖"。

快，地面发烫了，火山伴着地震铺天盖地而来，明神被飞降的火雨烫伤，须发皆燃。倒霉的明神此时又想起了鲶鱼兄弟，亲自向他道歉并请求鲶鱼继续为他预报地震，可鲶鱼感到受了委屈，坚决不答应继续报告地震，而是藏在猪苗代湖底过着自己悠闲的生活……

知识延展：日本关于鲶鱼预报地震的研究

日本人很久以前就注意到了地震前鲶鱼的反常行为。1855年东京发生6.9级地震前，有人在钓鱼时发现平常少见的鲶鱼大量出现而成功预报了地震。1923年东京发生8.3级地震前，也出现了鲶鱼群的异常迁移。直到今天，日本人仍然相信鲶鱼群的大规模异常游动是地震的前兆并进行相关的科学研究。因此，日本有"鲶鱼闹，地震到"的谚语。

有"鲶鱼博士"之称的东京大学名誉教授末广恭维，从事鱼类与地震关系的研究达45年之久，他在1976年成立的日本最大群众业余地震预报研究组织，便取名为"鲶鱼会"。

东京市政府为了支持地震学家研究鲶鱼预报地震，在1976年~1977年财政年度拨款1100万日元对鲶鱼习性进行专题研究。

海神波塞冬与地震

　　古希腊的传说认为地震与海神波塞冬（Poseidon）有关。① 当初宙斯三兄弟抓阄划分势力范围，宙斯获得了天空，哈得斯屈尊地下，波塞冬就成了大海和湖泊的君主。虽然海陆空看似由三兄弟分掌，但是内部势力并不均衡。宙斯动辄发出狂言，要把大地和大海一起拉上来，吊在奥林匹斯山上。波塞冬虽然表面上不得不尊重宙斯的主神地位，每天潜在海底的宫殿跟生猛海鲜、臭鱼烂虾打交道，但是心里却很不服气。事实上，地震和海啸都是他内心愤愤不平的

海神波塞冬

表现。他用令人战栗的地动山摇来统治他的王国，每当挥动他的标志性武器三叉戟，就能引起巨大大海啸和地震。

天象警示说

　　我国古代认为君权神授，天子在人间享有绝对权威，这种权力只接受神的监督，而地震、日食、彗星等异常天象就是神对人类，

---

　　① 波塞冬是克洛诺斯与瑞亚之子，宙斯之兄，地位仅次于宙斯，是希腊神话中的十二主神之一，是伟大而威严的海王，掌管环绕大陆的所有水域。

特别是君王的一种警告，表示你的某种作为让我不满意，帝王这时需要做的就是祷告思过，有则改之，无则加勉。

中国历史上较早有文字记载的一次大地震发生在周幽王二年，即公元前780年，震中在陕西的岐山。《史记·周本纪》（卷4）记载，当时的太史伯阳甫认为，"周将亡矣。夫天地之气，不失其序；若过其序，民乱之也。阳伏而不能出，阴迫而不能蒸，于是有地震。今三川实震，是阳失其所而填阴也。"总的意思就是周朝要灭亡了，具体可归结为周幽王过分宠幸褒姒所致。

清康熙十八年七月二十八日（1679年9月2日）中午，京师地区发生了一场强烈地震，就是史料上记载的三河—平谷地震（后文将有详细说明）。面对突如其来的灾难，康熙皇帝迅速作出了反应，除赈灾救民外，重中之重就是亲自带领号召大臣对朝政得失认真地作一次全面的政治检讨和反思。康熙皇帝在上谕中反复强调："兹者异常地震，尔九卿、大臣各官其意若何？朕每念及，甚为悚惕，岂非皆由朕躬料理机务未当，大小臣工所行不公不法，科道各官不直行参奏，无以仰合天意，以致变生耶？""顷者，地震示警，实因一切政事不协天心，故召此灾变。""小民愁怨之气，上干天和，以致召水旱、日食、星变、地震、泉涌之异。"意思是灾难的发生是因为我们的作为让上天不满意，百姓的怨气让上天不安的缘故。一代明君康熙尚且如此，这大体可以代表我国历朝统治者对地震的认识。这种认识不管科学与否，对平民百姓却也有好处，因为看在上天的面子上，当权者一般都会积极救灾，整顿吏治，体恤民情。

朴素的唯物解释

当然，古代对地震的解释也不是一味的主观妄想，很早就有人观天望地，试图对此作出科学合理的解释。

春秋时，地震一再频发，齐国贤相晏婴认为，地震与行星运动有关，当水星运行到心宿、房宿（古代天文星辰的二十八个方位，其中之二）之间时，便将有地震发生（《晏子春秋·外篇》）。战国时期的庄子认为，地震与海水运动有关。"海水三岁一周，流水相薄，故地动"（《艺文类聚》卷八）。他的意思是：海水周期性的运动，当浪潮的冲击力叠加到一定的极限时，就发生了地震。这些解释虽然很朴素，也不乏臆想的成分，但无不具有科学合理的成分，现代理论也认为行星间的相互作用、海水运动等都可能成为地震诱因。

古希腊的伊壁鸠鲁认为地震是由于风被封闭在地壳内，结果使地壳分成小块不停地运动，即风使大地震动而引起地震。古罗马哲学家卢克莱修继承并发展了伊壁鸠鲁的观点，提出风成说，即来自外界或大地本身的风和空气的某种巨大力量，突然进入大地的空虚处，在这巨大的空洞中，先是呻吟骚动并掀起旋风，继而将由此产生的力量喷出外界，与此同时，大地出现深的裂缝，形成巨大的龟裂，这便是地震。此外，古希腊哲学家亚里士多德提出，地震是由突然出现的地下风和地下灼热的易燃物体造成。

2. 现代科学的解释

随着科学和技术的进步，大量的实证数据使得地震研究逐渐成为一门系统、完善的科学，现代人对地震做出了更接近真相的解释。现代科学认为地震是由地壳运动引起的，由于地球在不断的运动和变化中，逐渐积累了巨大的能量，在地壳某些脆弱地带，造成岩层突然发生破裂或者引发原有断层的错动，这就是地震。

板块构造学说是 1968 年法国地质学家勒皮雄与麦肯齐、摩根等人提出的一种新的大陆漂移说，该学说将全球地壳划分为六大板块：太平洋板块、亚欧板块、非洲板块、美洲板块、印度洋板块（包括澳洲）和南极板块。一般说来，在板块内部，地壳相对比较稳定，而板块与板块交界处，则是地壳比较活动的地带，这里火山、地震活动以及断裂、挤压褶皱、岩浆上升、地壳俯冲等频繁发生。该学说将占世界地震总量90%以上的构造地震成因归结为地壳各板块之间相互碰撞挤压的结果。根据板块结构理论的分析，可以解释我国西部地区频繁发生强烈地震的问题：印度次大陆板块不断与欧亚大陆板块碰撞并且不断挤压，形成了仅次于太平洋地震带的、世界上第二大地震带——地中海—喜马拉雅地震带。该地震带东西分布，横贯欧亚大陆，正好经过我国喜马拉雅山脉地区，所以我国西部地区就成为世界上大陆地震最活跃、最强烈、最集中的地区之一。

欧亚板块
美
洲
非洲板块
太平洋板块
印度洋板块
板
块
南 极 洲 板 块

——— 板块边界 ←— 板块运动方向 地球上的板块

板块构造图

　　除了地质因素外，人类自身的活动有时候也能引发地震，尤其是现在，人类所能实施的工程越来越浩大，对地球的影响也越来越大，所以在这方面一定要引起警惕。

　　根据具体诱因，可以把地震分为构造地震、火山地震、陷落地震、诱发地震和人工地震等，下面将一一详述。

构 造 地 震

　　构造地震往往是由于地壳发生断层引起的，所以又称"断层地震"。"断层"是指地壳岩层因受力达到一定强度而发生破裂，并沿破裂面有明显相对移动的构造，大小不一、规模不等，但都破坏了岩层的连续性和完整性。地壳（或岩石圈）在构造运动中发生形变，当形变超出了岩石的承受能力，岩石就发生断裂，在构造运动中长期积累

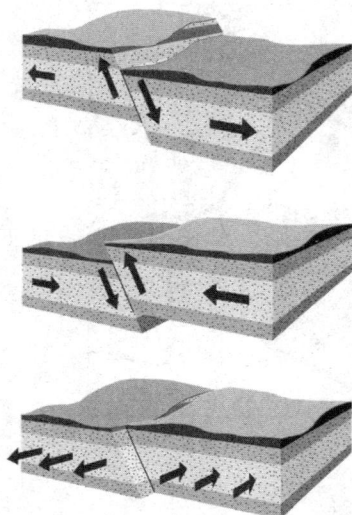

断层示意图

的能量迅速释放，造成岩石振动，从而形成地震。构造地震是地震的主要类型，90%以上的地震、几乎所有的破坏性地震都属于构造地震。

在一定时间内，发生在同一震源区的一系列大小不同的地震，且其发震机制具有某种内在联系或有共同的发震构造的一组地震总称地震序列。根据地震序列的表现形式，可以把构造地震分为以下几种主要类型：

（1）孤立型地震

前震和余震都很稀少，而且余震的震级与主震震级相差也很大，大小地震不成比例。地震能量基本上是通过主震一次释放出来的，前、余震能量的总和常常不到主震的1/1000。2009年3月20日2时38分，吉林省四平市伊通满族自治县、公主岭市交界发生4.3级地震，震中距长春市约70千米、距沈阳市约240千米。四平、长春地区有震感，但过程仅仅几秒钟，大多数人还没感觉到就过去了。吉林省地震局当日下午对外通报称，该次地震属于孤立型地震。

（2）主震——余震型地震

一个地震序列中，最大的地震特别突出，所释放的能量占全序列能量的90%以上，最大地震与次大地震的震级之差大于等于0.6，而小于等于2.4。这个最大的地震叫主震；其他较小的地震中，发生在主震前的叫前震，发生在主震后的叫余震。这次的汶川地震就属于比较典型的主震——余震型地震。2008年5月12日14时28分04秒，发生在四川汶川县（北纬31.0度，东经103.4度）的主震为8.0级地震，随后一段时间分别发生了几次6.0~6.4级余震，其他余震级别都比较小，最大地震与次大地震的震级之差在0.6与2.4之间。

（3）双震型地震

一个地震活动序列中，90%以上的能量主要由发生时间接近、地点接近、大小接近的两次地震释放，最大地震与次大地震的震级之差小于等于0.5。1980年4月18日青海省天峻县发生5.2级地震，4月24日原震区又发生5.0级地震。在这个地震序列中，只有这两次地震的震级差小于0.5，其他的余震都比较小，属双震型。

（4）震群型地震

一个地震序列的主要能量是通过多次震级相近的地震释放的，震级之差小于等于0.5的最大地震数达到3或更多，没有明显的主震，最大地震在全序列中所占能量比例一般均小于80%。

震群型地震的特点是地震频度高，能量的释放有明显的起伏，衰减速度慢，活动的持续时间长。震群的震源往往较浅（小于10千米），随时间震群的分布范围也逐渐扩大。1966年的邢台地震就属于这一类型。1966年3月8日5时29分，在河北省邢台地区隆尧县东发生了6.8级强烈地震，随后从3月8日至29日在21天的时间里，邢台地区连续发生了5次6级以上地震。

火山地震

由于火山活动时岩浆喷发冲击或热力作用而引起的地震，称为火山地震。这类地震可产生在火山喷发的前夕，亦可在火山喷发的同时。其特点是震源常限于火山活动地带，一般深度不超过10千米的浅源地震，震级较大，多属于没有主震的地震群型，影响范围小。有些地震发生在火山附近，震源深度为1~10千米，其发生与火山喷发活动没有直接的或明确的关系，但与地下岩浆或气体状态变化所产生的地应力①分布的变化有关，这种地震称为A型火山地震。还有些地震集中发生在活火山口附近的狭小范围内，震源深度浅于1千米，影响范围很小，称为B型火山地震。有时地下岩浆冲至接近地面，但未喷出地表，也可以产生地震，称为潜火山地震。

地震和火山往往存在关联。火山爆发可能会激发地震，而发生在火山附近的地震也可能引起火山爆发。1999年记录的27起火山活动，有14

智利火山喷发引起的地震

---

① 地应力是存在于地壳中的未受工程扰动的天然应力，也称岩体初始应力、绝对应力或原岩应力。广义上也指地球体内的应力。它包括由地热、重力、地球自转速度变化及其他因素产生的应力。

起出现在土耳其大地震以后短短的两个多月内。著名的腾冲火山群位于滇西横断山系南段的高黎贡山西侧，火山及熔岩流以腾冲县城为中心成一南北向延伸的长条形，面积 87×33 平方公里，计有火山锥 70 余座，其中火口完整的 22 座，遭破坏的 10 座，其余为无火口火山。火山及熔岩活动自上新世始至全新世。本区以极丰富的地热资源著称于世，据 1974 年不完全统计，腾冲县 79 个泉群中，温度在 90℃ 以上者有 10 处，地表天然热流量达 25.498×10^4 千焦耳/秒，一年相当于燃烧 27 万吨标准煤。在地热区高温中心热海热田，遍布汽泉、热泉、沸泉，水声鼎沸，水汽蒸腾，数里之外可见。该区地震频繁，并具岩浆冲击型地震的特点：小震、群震、浅震甚多。

腾冲火山

陷 落 地 震

由于地下水溶解了可溶性岩石，使岩石中出现空洞并逐渐扩大，或由于地下开采形成了巨大的空洞，造成岩石顶部和土层崩塌陷落，这种情况引起的地震叫陷落地震。地震能量主要来自重力作用。陷落地震主要发生在石灰岩或其他岩溶岩石地区，由于地下溶洞不断扩大，洞顶崩塌，引起震动。矿洞塌陷或大规模山崩、滑坡等亦可导致这类地震发生。这类地震为数很少，约占地震总数的3%，震级都很小，影响范围不大。

广西桂林是典型的喀斯特地貌，由于特殊的地质条件，这里发生的地震多为陷落地震，特点是小震级、窄范围、高烈度、局部破坏严重。1981年9月24日16时30分，桂林市平乐县发生了陷落地震，垂直下陷120米，水平移动800米，宽度60～100米。老虎冲两侧农田全部被砂泥乱石淹没，覆盖厚度10～30米。1997年11月11日11点54分，桂林市雁山区柘木镇柘木村发生里氏1.2级的陷落地震。此次地震造成地面塌陷的受灾总面积约10万平方米。据查是

喀斯特地貌

桂林陷落地震史上受灾最严重、地面塌陷面积最大，而陷坑最多又相对集中的一次震害。

诱 发 地 震

在特定的地区因某种地壳外界因素诱发而引起的地震，称为诱发地震。这些外界因素可以是地下核爆炸、陨石坠落、油井灌水等，其中最常见的是水库地震。水库蓄水后改变了地面的应力状态，且库水渗透到已有的断层中，起到润滑和腐蚀作用，促使断层产生新的滑动。但是，并不是所有的水库蓄水后都会发生水库地震，只有当库区存在活动断裂、岩性刚硬等条件，才有诱发的可能性。科研工作者总结出水库诱发地震的 7 项标志：（1）坝高大于 100 米，库容大于 10 亿立方米；（2）库坝区有活动断裂；（3）库坝区为中新生代断陷盆地或其边缘，近代升降活动明显；（4）深部存在重力梯度异常；（5）岩体深部张裂隙发育，透水性强；（6）库坝区历史上曾有地震发生；（7）库坝区有温泉。

按工程地质条件来分类，水库诱发地震具有不同的成因类型，主要有岩溶塌陷型和断层破裂型。岩溶塌陷型水库诱发地震最常见，多为弱震或中强震。我国在岩溶地区的大型水库有 8 个，其中 4 个诱发了地震。断层破裂型水库诱发地震发生的概率虽然较低，但有可能诱发中强震或强震。我国新丰江水库和印度柯依纳水库的诱发地震都属于这种类型。

新丰江水库又称万绿湖，始建于 1958 年，是一个集灌溉、发电、防洪于一体的水利工程，1959 年 10 月 20 日，水库开始蓄水，新丰江水库蓄水的同年 11 月便录得有地震活动；1960 年 5 月，水库的水位蓄到 81 米时，发生了 3 至 4 次强度为 3.1 级左右的有感地震；1960 年 7 月 18 日，水库水位升到 90 米时，发生强度为 4.3 级的中度地震；1962 年 3 月 19 日，水库水位升到 110.5 米时，发生了震级 6.1 级的强震，震中位于大坝下游 1.1 千米处，震源的深度约为 5 千米，此次地震对大坝的局部地段造成损害。此后，地震的强度逐年迅速减弱。

新丰江水库

印度科依纳（KOYNA）水库位于印度孟买城以南 230 公里的地方。印度科依纳水库不但大坝底下的地基十分理想，而且水库所在地区的地质结构完整。从地质板块学的观点来看，这座水库是建造在印度板块上，是印度—澳大利亚板块的一部分，于几百万年前就已经形成。人们认为这种地质结构是最稳定的，即所谓的无震区，而且在水库建造之前，也没有地震的记载。1963 年科依纳水库竣工并当即蓄水启用。在这之后，附近地区就小震不断，在 1964 年和 1965 年之间，最高一周地震次数达 40 多次。水库在 1965 年蓄满水，之后地震次数增多，强度加大。到 1967 年，一周地震次数竟高达 320 次。在 1967 年 9 月 13 日发生了一次震级 5.5 级的地震，1967 年 12 月 11 日在大坝附近发生了震级为 6.5 级的地震，震中烈度为 8 度。在印度科依纳水库诱发地震之前，人们认为水库诱发地震的强度不会超过 6 级。但是科依纳水库诱发地震之后，这个指标修正为 6.5 级。

人 工 地 震

广义的人工地震是由人为活动引起的地震。如工业爆破、地下核爆炸造成的振动，还有打桩、爆破，乃至车辆通行，都可形成人工地震。狭义的人工地震可以理解成，为了研究地震而用人工爆炸的方法制造的地震，其震级很小，地点可以由人自由确定，规模大小可以控制。

"城市地震活断层探测与地震危险性评价"是一个全国性的勘察项目，是国家"十五"计划之一，全国重点城市都要进行这样的深部地震勘察项目，旨在了解活动断层的分布和危害性，并采取有针对性的防震减灾措施，可以大大减轻城市地震灾害。而人工地震就是勘查的主要手段，通过人工地震造成地震波，再通过对地震波的分析研究城市活断层并进行有关评估。有专家形象地称这是在"给地球做 CT"。

2004年4月1日凌晨1点，"嘭—嘭!"万籁俱寂的上海南汇以东海滩突然发出两声闷响，方圆1千米的大地随之微微颤动，地下泥浆伴随着水柱冲天而起。瞬间，上海市地震局测震台网和强震台网监测仪器屏幕上出现地震波信号，5分钟后，结果显示：南汇地区"地震"2.1级。这就是由上海科技人员遥控、由1.68吨炸药制造的"人工地震"。"人工地震"的"震源"有2个，其中1个震源埋设的炸药达1.5吨，科技人员打出8个直径20厘米左右、深达40米的井孔，把炸药埋在地下。凌晨1点，GPS引爆后，爆炸能量穿透地下30公里，直抵地壳和地幔的分界处——莫霍面①。仅仅25秒，远在200千米外的浙江长兴地区的地震监测仪就收到了它的地震波。另一个相距10千米的"震源"则埋设了180公斤炸药，它能对地下30千米的地壳介质结构作出"精细扫描"。

城市地震活断层探测

① 地壳同地幔间的分界面，是原南斯拉夫地震学家莫霍洛维奇于1909年发现，故以他的名字命名，称为莫霍洛维奇不连续面，简称莫霍面（或莫氏面）。

第三章

作为灾害的地震

　　地震是一种自然现象，但当它达到一定震级并发生在危及人类生存的地方时，就会成为一种灾害，对人类的生命财产安全造成极为严重的影响。在同地震的斗争中，人类不断丰富和积累着有关知识，同时人们也意识到，只有科学地认识地震，才能趋利避害，最大限度地保护人类的自身利益。

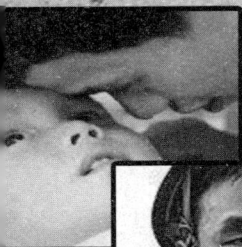

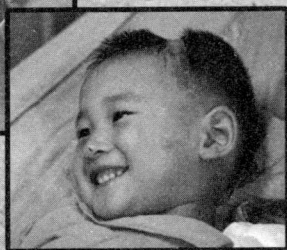

1. 描述地震的几个概念

地球内部岩层破裂引起振动的地方称为**震源**。它是有一定大小的区域，是地震能量积聚和释放的地方。

震源在地球表面上的垂直投影，叫**震中**。震中距相等的各点的连线叫做**等震线**。震中到震源的深度叫做**震源深度**。通常将震源深度小于 70 千米的叫浅源地震，深度在 70 ~ 300 千米的叫中源地震，深度大于 300 千米的叫深源地震。对于同样大小的地震，由于震源深度不一样，对地面造成的破坏程度也不一样。震源越浅，破坏越大，但波及范围也越小，反之亦然。

破坏性地震一般是浅源地震。如 1976 年的唐山地震的震源深度为 12 千米。破坏性地震的地面振动最烈处称为**极震区**，极震区往往也就是震中所在的地区。

某地与震中的距离叫**震中距**。震中距小于 100 千米的地震称为地方震，在 100 ~ 1000 千米之间的地震称为近震，大于 1000 千米的地震称为远震，其中，震中距越远的地方受到的影响和破坏越小。

另外，对于城市的防震减灾工作来说，最担心的是震中就在本市，或者说震源

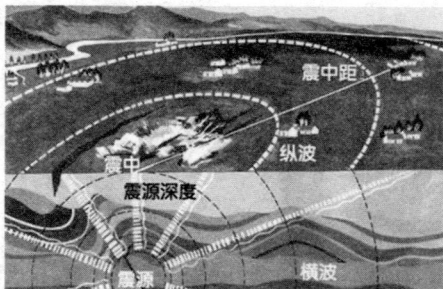

震源、震中与观测点的关系图

就在城市地底下的地震。日本人把这样的地震叫做直下型地震。

地震波是地震发生时从震源向四面八方传播的弹性波。地震波常分两大类：在地球内部传播的称为**体波**，沿地面或界面传播的称为**面波**。按介质质点的震动方向与波的传播方向的关系，体波又分为**纵波**和**横波**。纵波传播时，介质质点的震动方向与波的传播方向一致，使介质质点之间发生更替的张弛和压缩，又称疏密波或压缩波，常记为 **P 波**。横波传播时，介质质点的震动方向与波的传播方向垂直，介质体积不变，形状发生切变，又称切变波，常记作 **S 波**。它是地震时造成建筑物破坏的主要原因。

由于纵波在地球内部传播速度大于横波，所以地震时，纵波总是先到达地表，而横波总落后一步。这样，发生较大的近震时，一般人们先感到上下颠簸，过数秒到十几秒后才感到有很强的水平晃动。这一点非常重要，因为纵波

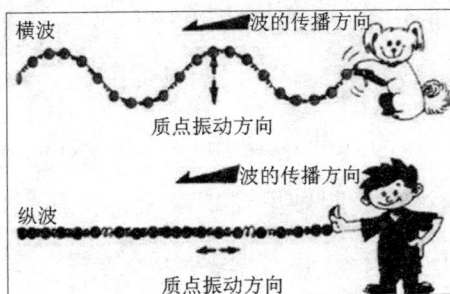

地震的纵波与横波

给我们一个警示，告诉我们造成建筑物破坏的横波马上到了，快点做出防备。

地震波在地球内部传播时，遇到不均质界面便发生折射和反射，产生更多类型的波。分析地震的记录，识别出不同性质的地震波在地震图上的表现，便可推断地震的发生位置、震级、震源机制等重要参数，还可以推断地球的内部结构。

2. 衡量地震大小的尺子

在有关地震的描述中，我们常常看到"震级"和"烈度"这样两个概念，如 2008 年中国汶川地震，震级 8.0 级，最大烈度 11 度。详细了解这两个概念，对我们深入认识地震的强弱、影响等有关情况是十分必要的。

震级是表征地震强弱的量度；其大小是以地震仪测定的每次地震活动释放的能量多少来确定的，通常用字母 M 表示。

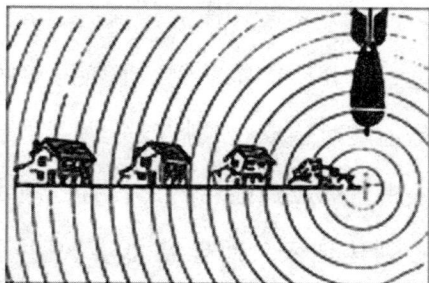

地震的震级与烈度示意图

目前，我国使用的震级标准，是国际上通用的里氏分级表（这种震级叫做里克特震级，俗称里氏震级，由美国地震学家里克特 1935 年提出），共分 9 个等级。实际测量中，震级则是根据地震仪对地震波所作的记录计算出来的。震级每相差 1.0 级，能量相差大约 32 倍；每相差 2.0 级，能量相差约 1000 倍。也就是说，1 个 6 级地震相当于 32 个 5 级地震，而 1 个 7 级地震则相当于 1000 个 5 级地震。

1995 年 1 月 17 日日本阪神大地震的震级为 7.2 级，释放的地震波能量相当于 1000 颗二次大战时投向日本广岛的原子弹。由此可见，地震释放出来的能量是惊人的。一般认为，迄今为止，世界上记录到的最大地震是 1960 年 5 月 22 日智利的 8.9 级地震。由于岩石的强度和破裂的规模都是有限的，所以地震的震级也是有限的。震级越大的地震，发生的次数越少；反之，地震越小的震级，发生的次数越多。全世界每年用地震仪可以测出大约 500 万次地震，平均每隔几秒钟就有一次，其中 3 级以上的大约只有 5 万次，仅占 1%；中强震和强震就更少了；全世界 7 级以上的大震每年平均约有 18 次；8 级以上的地震每年平均仅 1 次。

按震级大小可把地震划分为以下几类：

里氏震级	分类	震源附近地震效应
< M3	弱震	通常不被感知，但（仪器）可记录
M3 ~ M4.5	有感地震	可以感知，但很少造成破坏
M4.5 ~ M6.0	中强震	对构建良好的建筑最多可造成破坏，在小范围内对质量较差的建筑物可造成大的破坏，但破坏轻重还与震源深度、震中距等多种因素有关
M6.0 ~ M7.9	强震	可造成 100 千米范围内的严重破坏
> M8	特大地震	可造成 1000 千米范围的严重破坏

目前，科学家开始倾向于使用更加精确的测量法，比如"地震瞬间"，把一次地震释放的能量量化。由于地震的不确定性，科学家们一般会在地震之初估算出一个震级，然后在获得更多数据后更新。

知识延展：里克特与里氏震级

世界上只要发生地震，人们就必然要提到一个人的名字：Charles Francis Richter，中文里称他的姓氏为里克特。他是美国加州理工学院的地震学家，物理学家。

克里特

1935 年，里克特和古腾堡（Beno Gutenberg）共同制定了地震强度的衡量标准：通过扭力地震仪测量地震造成的位移来确定地震的强度。里克特在研究时发现，越是强的地震，留下的曲线振幅就越大。后来古腾堡建议，如果某次地震使距离震中 100 千米处的标准地震仪的划针摆动 1 微米，即记录下的曲线振幅宽 1 微米，这次地震就定义为一级；如果曲线振幅宽达 10 微米，地震强度则要定为二级。依此类推，曲线振幅每扩大到前一级的 10 倍，就说明震级高了一级。里克特把地震震级从低到高分为 1 至 10 级。这就是现在国际上惯用的"里氏震级"的由来。接近于震级表高端水平的地震很难测量，因为它们鲜有发生，高于里氏 8 级的地震平均每年只发生一次，科学家们没有更多的机会去分析这种顶级地震。

里氏震级相比较通用的其他标准来说，更客观、更从量的基础上测定地震强度。它并不表明地震的影响，但通过地震仪能够精确给出以释放能量为标准的地震等级。

烈度是指地震在地面造成的实际影响，表示地面运动的强度，也就是破坏程度。一次地震只有一个震级，但它所造成的破坏，在不同的地区是不同的。也就是说，一次地震，可以划分出好几个烈度不同的地区。这与一颗炸弹爆后，近处与远处破坏程度不同道理一样。炸弹的炸药量，好比是震级；炸弹对不同地点的破坏程度，好比是烈度。一般情况下仅就烈度和震源、震级间的关系来说，震级越大震源越浅、烈度也越大。通常，一次地震发生后，震中区的破坏最重，烈度最高，这个烈度称为震中烈度。从震中向四周扩展，地震烈度逐渐减小。

烈度一般分为 12 度，通常用罗马数字表示。它是根据人们的感觉和地震时地表产生的变动，还有对建筑物的影响来确定的。不同烈度的地震，其影响和破坏大体如下：

烈度	在地面上的人的感觉	房屋震害现象	其他震害现象
I	无感		
II	室内个别静止中人有感觉		
III	室内少数静止中人有感觉	门、窗轻微作响	悬挂物微动
IV	室内多数人、室外少数人有感觉，少数人梦中惊醒	门、窗作响	悬挂物明显摆动，器皿作响
V	室内普遍、室外多数人有感觉，多数人梦中惊醒	门窗、屋顶、屋架颤动作响，灰土掉落，抹灰出现微细裂缝，有檐瓦掉落，个别屋顶烟囱掉砖	不稳定器物摇动或翻倒

（续表）

烈度	在地面上的人的感觉	房屋震害现象	其他震害现象
VI	多数人站立不稳，少数人惊逃户外	损坏——墙体出现裂缝，檐瓦掉落，少数屋顶烟囱裂缝、掉落	河岸和松软土出现裂缝，饱和砂层出现喷砂冒水；有的独立砖烟囱轻度裂缝
VII	大多数人惊逃户外，骑自行车的人有感觉，行驶中的汽车驾乘人员有感觉	轻度破坏——局部破坏、开裂，小修或不需要修理可继续使用	河岸出现坍方；饱和砂层常见喷砂冒水，松软土地上地裂缝较多；大多数独立砖烟囱中等破坏
VIII	大多数人惊逃户外，骑自行车的人有感觉，行驶中的汽车驾乘人员有感觉	中等破坏——结构破坏，需要修复才能使用	干硬土上亦出现裂缝；大多数独立砖烟囱严重破坏；树梢折断；房屋破坏导致人畜伤亡
IX	多数人摇晃颠簸，行走困难	严重破坏——结构严重破坏，局部倒塌，修复困难	干硬土上出现许多地方有裂缝；基岩可能出现裂缝、错动；滑坡坍方常见；独立烟囱许多倒塌
X	行动的人摔倒	大多数倒塌	山崩和地震断裂出现；基岩上拱桥破坏；大多数独立烟囱从根部破坏或倒毁
XI	骑自行车的人会摔倒，处不稳定状态的人会摔离原地，有抛起感	普遍倒塌	地震断裂延续很长；大量山崩滑坡
XII			地面剧烈变化，山河改观

注：表中数量词：个别为10%以下；"少数"为10%～15%；"多数"为50%～70%；"大多数"为70%～90%；普遍为90%以上。

例如，1976年唐山地震，震级为7.8级，震中烈度为11度；受唐山地震的影响，天津市地震烈度为8度，北京市烈度为6度，再远到石家庄、太原等就只有4至5度了。

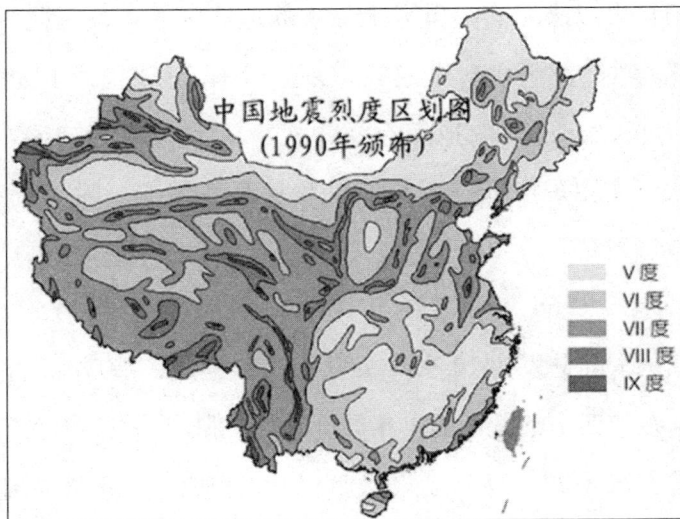

中国地震烈度区划图

3. 地震的周期性

历史地震和现今地震大量资料的统计表明，地震活动在时间上具有一定的周期性，即在一个时间段内发生地震的频次高、强度大，称之为地震活跃期；而在另一个时间段内发生的地震相对频次低、强度小，称之为地震平静期。根据地震发生的特征，又可在活跃期中划出若干"活跃幕"。

一般认为地震活动的这一周期性，是由于在活跃期中，地震释放了大量能量，需要有足够的时间重新积累能量，当能量足以使岩石变形、破裂，地震活动方能再次活跃。活跃期中的地震，除次数增多外，大地震也增多。

中国自古以来一直是世界上最大的地震区之一，因此，中国人自然会保存有大量的地震记载。从古文献记载中可以得知，到1644年为止，有记录的地震有908次，从1372年到1644年则不下110次。主要震区都位于长江以北和西部各省。19世纪末到20世纪，我国已经历了1895年～1906年、1920年～1934年、1946年～1955年、1966年～1976年四个地震活跃期。在第二个地震活跃期，我国大陆共发生12次7级以上的大地震，造成25万～30万人死亡。在第四个活跃期的十年间，我国大陆共发生14次7级以上的大地震，造成27万人死亡和数百亿元的经济损失。在此地震活跃期，发生过1976年巴音木仁6.2级地震，也发生过1970年西吉5.5级地震，有117人死亡。

根据多数地震专家的研究判定，20世纪80年代后期到21世纪初，是我国大陆地区地震活动的第五个高潮期，其间可能发生多次7级，甚至个别更大的地震，强震的主体活动地区将在我国西部。根据记载，从宋末到清初出现过12次地震高发期，并且表现出32年的周期性（数据来源李约瑟《中华科学文明史》）。从1976年的唐山地震到2008年的汶川地震相隔也是32年。这会是一个巧合吗？

4. 易于爆发地震的区域

从全球范围看，地震的震中并非均匀散布，而是相对集中于一定地区，且呈有规律的带状，我们称之为**地震带**。地震带内显示的各种不同的地震活动性与该地带地壳介质性质、构造形式和构造运动强弱有关，如板块接触、洋脊扩张、转换断层、大陆裂谷或大断裂带，此外还有由人为活动所引起。在各地震带内还划分出不同的区段，作为独立的地震活动性和地震区域划分的统计研究单元。

地震带一般被认为是未来可能发生强震的地带。各地震带的大地震发生方式有单发式和连发式之分。前者以一次 8 级以上地震和若干中小地震来释放带内积累的能量；后者在一定时期内以多次 7～7.5 级地震释放其绝大部分积累的能量。同时，地震带内的地震活动在时间分布上是不均匀的，显著活动和相对平静交替存在，一定时期后又重复出现。各地震带的重复期从几十年到几百年，甚至千年以上。

世界上的地震主要集中分布在三大地震带上，即：环太平洋地震带、欧亚地震带和海岭地震带。在环太平洋地震带和欧亚地震带内发生约占全球 85％的浅源地震、全部的中深源地震和深源地震。其他地震带只有浅源地震，一般来说地震频度和强度均较弱。

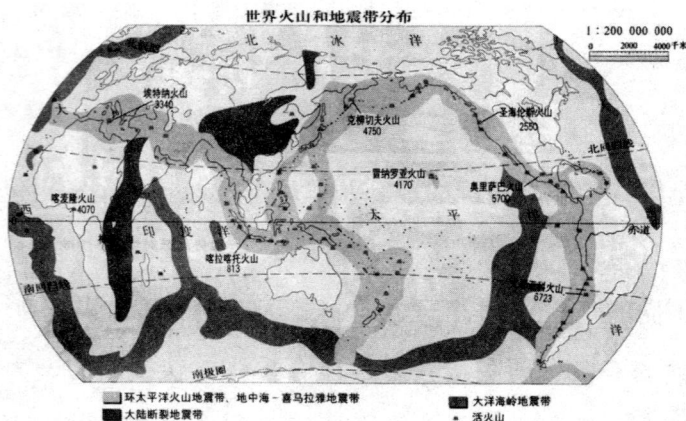

世界主要地震带

（1）环太平洋地震带

环太平洋地震带是地球上最主要的地震带，它像一个巨大的环，沿北美洲太平洋东岸的美国阿拉斯加向南，经加拿大本部、美国加利福尼亚和墨西哥西部地区，到达南美洲的哥伦比亚、秘鲁和智利，然后从智利转向西，穿过太平洋抵达大洋洲东边界附近，在新西兰东部海域折向北，再经斐济、印度尼西亚、菲律宾、我国台湾省、琉球群岛、日本列岛、阿留申群岛，回到美国的阿拉斯加，环绕太平洋一周，也把大陆和海洋分隔开来，地球上约有80%的地震都发生在这里。

（2）欧亚地震带

欧亚地震带又名横贯亚欧大陆南部、非洲西北部地震带、地中海—喜马拉雅山地震带。它是全球第二大地震活动带，横贯欧亚并涉及非洲地区，全长两万多公里，从印度尼西亚开始，经中南半岛西部和我国的云、贵、川、青、藏地区，以及印度、巴基斯坦、尼泊尔、阿富汗、伊朗、土耳其到地中海北岸，一直延伸到大西洋的亚速尔群岛，发生在这里的地震占全球地震的15%左右，主要是浅源地震和中源地震，缺乏深源地震。

（3）海岭地震带

又称大洋中脊地震带，分布在太平洋、大西洋、印度洋中的海岭（海底山脉）。它从西伯利亚北岸靠近勒那河口开始，穿过北极经斯匹次卑根群岛和冰岛，再经过大西洋中部海岭到印度洋的一些狭长的海岭地带或海底隆起地带，并有一分支穿入红海和著名的东非裂谷区。

①大西洋中脊（海岭）地震带：自斯匹次卑尔根岛经冰岛向南沿亚速尔群岛、圣保罗岛等至南桑德韦奇群岛、色维尔岛，沿大西洋中脊分布，向东与印度洋南部分叉的海岭地震带相连。

②印度洋海岭地震带：由亚丁湾开始，沿阿拉伯—印度海岭，南延至中印度洋海岭；向北在地中海与地中海—南亚地震带（欧亚地震带）相连；向南到南印度洋分为两支，东支向东南经澳大利亚南部，在新西兰与环太平洋带相接；西支向西南绕过非洲南部与大西洋中脊地震带相接。

③东太平洋中隆地震带：从中美加拉帕戈斯群岛起向南至复活节岛一带，分为东西二支，东支向东南在智利南部与环太平洋地震带相接；西支向西南在新西兰以南与环太平洋地震带和印度洋海岭地震带相连。以上三带皆以浅源地震为主。

我国位于世界两大地震带——环太平洋地震带与欧亚地震带之

间，受太平洋板块、印度板块和菲律宾海板块的挤压，地震断裂带十分发育。这两个地震带都是老的地震带，同时又都位于几大板块的边缘，受太平洋板块、印度板块和菲律宾海板块的挤压，地震断裂带十分发育，主要地震带就有 23 条，此带内常发生破坏性地震及少数深源地震。

中国地震活动频度高、强度大、震源浅、分布广，是一个震灾严重的国家。1900 年以来，中国死于地震的人数达 60 多万，占全球地震死亡人数的 53%；1949 年以来，100 多次破坏性地震袭击了 22 个省（自治区、直辖市），其中涉及东部地区 14 个省份，造成 27 万余人丧生，占全国各类灾害死亡人数的 54%，地震成灾面积达 30 多万平方千米，房屋倒塌达 700 万间。地震及其他自然灾害的严重性构成中国的基本国情之一。

我国地震主要呈现以下特点：地震区散布范围广且震中分散，不易预报；我国地震约 2/3 发生在大陆地区，且这些地震绝大多数是震源深度在 20～30 千米处，属浅源地震，对地面建筑物及工程设施破坏较为严重，而我国境内的深源地震只是在西部等地发生过；我国约有 3/4 的城市位于地震区，人口密集，设施集中，地震灾害必然严重，同时由于我国从 1974 年才开始实施在新建筑物中进行抗震设计，那么在此以前留下的大量建筑物抗震能力极差，历史上大地震所造成的震害，主要是发生在未进行抗震设计的建筑中；由于强震重演的周期长（多在百年乃至数百年之上），故其紧迫性易于被忽视。

我国的地震活动主要分布在五个地区的 23 条地震带上。这五个地区是：

①台湾省及其附近海域，这里不断发生强烈破坏性地震是众所周知的。

②西南地区，主要是西藏、四川西部和云南中西部。本地震区是我国最大的一个地震区，也是地震活动最强烈、大地震频繁发生的地区。

③西北地区，主要在甘肃河西走廊、青海、宁夏、天山南北麓。这一地区总的来说，人烟稀少、经济欠发达。尽管强烈地震较多，也较频繁，但多数地震发生在山区，造成的人员和财产损失与我国东部几条地震带相比，要小许多。

④华北地区，主要在太行山两侧、汾渭河谷、阴山—燕山一带、山东中部和渤海湾。由于首都圈位于这个地区内，所以格外引人关注。据统计，该地区有据可查的 8 级地震曾发生过 5 次；7～7.9 级地震曾发生过 18 次。加之它位于我国人口稠密、大城市集中、政治和经济、文化、交通都很发达的地区，地震灾害的威胁极为严重。

⑤东南沿海的广东、福建等地。这里历史上曾发生过 1604 年福建泉州 8.0 级地震和 1605 年广东琼山 7.5 级地震。但从那时起到现在的 300 多年间，无显著破坏性地震发生。

另外从我国的宁夏，经甘肃东部、四川西部，直至云南，有一条纵贯中国大陆、大致南北方向的地震密集带，被称为南北地震带。该带向北可延伸至蒙古境内，向南可到缅甸。2008 年 5 月 12 日四川汶川 8.0 级的大地震就发生在这一地震带上。

中国地震带分布图

5. 地震灾害的特点

地震灾害是群灾之首，它具有突发性、成纵性和续发性等特点，并产生严重次生灾害，对社会也会产生很大影响。

（1）突发性

地震一般是在平静的状况下突然发生的自然现象。强烈的地震可以在几秒或者几十秒的时间内造成巨大的破坏，严重的顷刻之间可使一座城市变成废墟。尤其是发生在夜间的地震，后果更为严重。如唐山大地震发生在凌晨 3 点 42 分，当时人们正在酣睡，事先毫无警觉，结果伤亡惨重，造成经济损失上百亿元以上。

（2）成纵性

在一个区域，或者一次强烈地震发生后，为调整区域应力场，或岩石破裂的延续活动，往往在某一时间内的地震活动呈成纵性出现，连续造成灾害。

（3）续发性

强烈的地震不仅可以直接造成建筑物、工程设施的破坏和人员的伤亡，而且往往引发一系列次生灾害和衍生灾害，造成更大的破坏。如由地震灾害诱发的火灾、水灾、毒气和化学药品的泄露污染，以及细菌污染、放射性污染，还有滑坡、泥石流、海啸等次生灾害，此外还包括上述灾害所造成的社会各种损失。

地震直接灾害是地震的原生现象，如地震断层错动，以及地震波引起地面振动所造成的灾害。主要有：地面破坏、建筑物与构筑物的破坏、山体等自然物的破坏（如滑坡、泥石流等）、海啸、地光烧伤等。

地震造成的地裂缝

（1）地面破坏

强烈的地震容易造成地裂缝、地面塌陷、沙土液化等地表震害现象。

①地裂缝：由地下岩层断裂或断层错动在地表形成的裂缝称为构造地裂缝，常与地下断裂带的走向一致，一般规模较大且成带状，带宽几米至几十米，带长可达几千米，但一般都不深

（多者 1~2 米）。地震时，地表受到挤压、伸长、旋转等力的作用，形成了这类有规律的地裂缝。对处于古河道、河湖堤岸、坡道和田地等土质松软、潮湿的地段，在地震时会出现震陷并形成所谓的重力地裂缝。其规模小，形状不一，纵横交错。

②地面塌陷：造成地面结构物的不均匀沉降，严重时可使大量建筑物下陷。地面塌陷多发生在岩溶洞、采空的地下矿井以及在松软而富有压缩性的土层中。

③沙土液化：在地震的持续震动之下，建筑物基地富含空隙水的砂土趋向密实，迫使空隙水压力上升、沙砾间的压力和摩擦力减小，进而使砂土失去抗剪能力，形成液态，失去稳定和承载力。宏观上表现为平地喷砂冒水，建筑物沉陷、倾倒或滑移，堤岸滑坡等。1964 年美国阿拉斯加地震、1964 年日本新潟地震、1975 年中国海城地震和 1976 年中国唐山地震都有饱和沙土的液化现象。

地震造成的地面塌陷

震后喷砂冒水

（2）建筑物与构筑物的破坏

在强烈地震中，各类建筑物将遭受不同程度的破坏，如房屋和桥梁倒塌、水坝开裂、铁轨变形等。一次强烈地震造成的工程结构破坏现象可能是千差万别，但是它们都不外乎以下几个方面：结构本身强度或承受力不足、结构发生共振、结构构造和布置不合理、非承重构件承载力不足、基础差异变形过大及多点输入地震导致结构内力重分布或应力集中、地基失效。地震即便尚未使工程结构产生倒塌性破坏，它也会使结构构件产生裂缝和其他内部损伤，继而将影响结构的使用寿命或耐久性。

地震造成的建筑物破坏

（3）山体等自然物的破坏

强震之后发生大量的滑坡和崩塌，滑坡、崩塌为形成大型的泥石流提供了物质来源。泥石流在流动的过程中对河床进行下切，两岸进行冲刷和刮挖，这样使边坡又失去平衡，产生新的滑坡。这样循环反复互为因果，因而地震滑坡和泥石流灾害延续时间长，从地震开始，一直延续到次年乃至于数年之内。

地震造成的山崩

①山崩：是指陡峻山坡上的岩块、土体在地震和重力作用下，发生突然的急剧的倾落运动。崩塌的物质，称为崩塌体。崩塌体为土质者，称为土崩；崩塌体为岩质者，称为岩崩；大规模的岩崩，称为山崩。崩塌可以发生在任何地带，山崩限于高山峡谷区内。

②滑坡：是指斜坡上的土体或者岩体，受地震影响，在重力作用下，沿着一定的软弱面或者软弱带，整体地或者分散地顺坡向下滑动的自然现象。

地震造成的滑坡

③泥石流：因地震造成的崩塌滑坡等固体物质（泥、沙、石块和巨砾）集中于沟谷中或坡地上，直接与湍急的水流相互作用而成不均质的特殊洪流。在空间分布上，泥石流主要形成于断裂构造发育或新构造运动活跃、地震频发、降水集中且多局地性暴雨和水土流失严重的地区。它爆发突然，来势凶猛，具有很大的破坏力。

2008 年 5 月 12 日的四川汶川大地震死亡或失踪者中，估计有三分之一的死亡和失踪人员是由地震造成的山崩、滑坡等次生地质灾害造成的。

地震造成的泥石流

（4）水体的震荡

水体的震荡包括海啸、湖震等。

①海啸：是一种具有强大破坏力的海浪。当地震发生于海底，因震波的动力而引起海水剧烈的起伏，形成强大的波浪，向前推

进，将沿海地带——淹没的灾害，称之为海啸。日本是全球发生地震海啸并且受害最深的国家。2004年12月26日于印尼的苏门达腊外海发生里氏8.9级海底地震，引发的海啸袭击了斯里兰卡、印度、泰国、印尼、马来西亚、孟加拉、马尔代夫、缅甸和非洲东岸等国，造成包括欧美和其他国家的大批旅游者在内的30余万人丧生。

地震引发的海啸

造成海啸的初始扰动，可发生在离岸很远的地方，初始波数也不多，但经过传播路径上的大陆架和海岸等的多次反射和干涉，波数增多，形成若干个很大的波，相互的时间间隔为数分钟或更长一些。通常第二个或第三个波为最大。在第一个大的波动到来前数分钟（或甚至达半小时），海湾中可观测到异常的海水倒退现象。环太平洋地震带浅源大地震最多，深海海沟的分布也最广泛，故地震海啸多发生在这一海域。据统计，世界上近80%的地震海啸发生在太平洋四周沿岸地区。

为减少地震海啸可能造成的灾害，在太平洋沿岸以及印度洋沿岸地区，都已经建立了海啸报警系统。由于地震波在地壳中的传播速度比地震引起的海啸波速度快得多，可用以估计海啸波滞后于地震波到达的时间。通过观测海洋声波，也可预告海啸波到达的时间。地震海啸拍岸浪头的高低，除与地震震级、震源机制等有关外，主要决定于港口和沿海地段的地形和海岸线形状。

②湖震：由湖底振动引起的湖水表层的波动称作湖震，其效果很像前后晃动一只装满水的碗。如果是大的地震，即使发生在很远的地方，也可以产生湖震。在湖或水库边，大块的湖壁滑坡崩塌引起的水面波动也可能对下游居民的小码头、水坝或排污系统产生威胁。1958 年 7 月 9 日，当 7 级地震光顾阿拉斯加的利图亚海湾时，巨大的山崩把大量石块和泥土抛入湖中，掀起了 60 米高的巨浪，船被甩过 25 米高的大树，波浪速度快得足以把岸上的植物连根拔出。

（5）地光烧伤

地光对人体的危害包括烧、灼、电击等不同情况，致伤程度和部位也各不相同。这方面的资料以前文献中记载数量较少，但对灾区人民的心理、精神上的消极影响颇深。

除直接灾害外，地震还会引发一系列次生灾害。地震次生灾害是直接灾害发生后，破坏了自然或社会原有的平衡或稳定状态，从而引发出的灾害。主要有：火灾、水灾、毒气泄漏、瘟疫等等对生命财产造成的灾害。其中火灾在次生灾害中最常见、最严重。

（1）火灾

由房屋倒塌造成煤气泄漏或其他明火引起，也可由化学工厂易燃易爆气体泄漏或爆炸而引起。据地震历史资料，火灾是一种最容易发生的地震次生灾害，造成的损失往往也比较大。例如，1906年4月18日美国旧金山地震（8.3级），火炉翻倒引起大火，供水系统破坏，大火持续三天三夜。10平方千米的市区化为灰烬。

日本一家炼油厂在地震中发生火灾

（2）水灾

由地震引起的水坝决口或山崩壅塞河道形成堰塞湖继而垮坝等引起。

1933年中国四川叠溪7.5级地震，造成6865人死亡，地震时山崩堵塞岷江形成堰塞湖，45天之后大水冲决了堰塞坝，造成洪水，淹死下游2500多人。

地震引起水灾

（3）核泄漏或毒气泄漏

由核设施或有毒物质储存设施在地震中破坏引起。

一核电站地震后冒出浓烟

（4）瘟疫

由震后生存环境的严重破坏所引起。地震发生后，人畜尸体腐烂，污水、粪便和垃圾缺乏管理，形成大量传染源，导致水源、空气污染严重，再加上临时避难地人口密集，卫生条件差，容易寄生蚊蝇、病菌。灾民在精神上受到打击，正常生活规律被打乱，肌体抵抗力下降，所以容易产生疾病流行。历史上就有"大震后必有大疫"的说法。

影响地震灾害大小的因素有很多，包括自然因素和社会因素。其中有震级、震中距、震源深度、地质条件、发震时间和地点、建筑物抗震性能、地区人口密度、经济发展程度和社会文明程度等。地震灾害是可以预防的，综合防御工作做好了可以最大程度地减轻自然灾害。

（1）地震震级和震源深度

震级越大，释放的能量也越大，可能造成的灾害当然也越大。在震级相同的情况下，震源深度越浅，震中烈度越高，破坏也就越重。一些震源深度特别浅的地震，即使震级不太大，也可能造成出乎意料的破坏。

（2）场地条件

场地条件主要包括土质、地形、地下水位和是否有断裂带通过等。一般来说，土质松软、覆盖土层厚、地下水位高、地形起伏大、有断裂带通过，都可能使地震灾害加重。所以，在进行工程建设时，应当尽量避开那些不利地形，选择有利地段。

（3）人口密度和经济发展程度

地震如果发生在没有人烟的高山、沙漠或者海底，即使震级再大，也不会造成伤亡或损失。1997年11月8日发生在西藏北部的

7.5 级地震就是这样的。相反，如果地震发生在人口稠密、经济发达、社会财富集中的地区，特别是在大城市，就可能造成巨大的灾害。

（4）建筑物的质量

地震时房屋等建筑物的倒塌和严重破坏，是造成人员伤亡和财产损失的直接原因之一。房屋等建筑物的质量好坏、抗震性能如何，直接影响到受灾的程度，因此必须做好建筑物的抗震设防。

1999 年台湾"九二一"地震倒塌的教学楼

（5）地震发生的时间

一般来说，破坏性地震如果发生在夜间，所造成的人员伤亡可能比白天更大，平均可达 3 至 5 倍。唐山地震伤亡惨重的原因之一正是由于地震发生在深夜 3 点 42 分，绝大多数人还在室内熟睡。有不少人认为，地震往往发生在夜间，其实这是一种错觉。统计资料表明，破坏性地震发生在白天和晚上的可能性是差不多的，二者并没有显著的差别。

（6）对地震的防御状况

破坏性地震发生之前，人们对地震有没有防御，防御工作做得好与坏，将会大大影响到经济损失和人员伤亡的多少。

学校的避震演练

第四章

中国历史上的
大地震

翻阅地震记录史，可以发现，我国历史上曾
多次发生重大地震灾害，不少地震活跃地区灾难
频发，更有同一地点多次发生灾害的先例，造成
的人员伤亡及财产损失也极为重大。

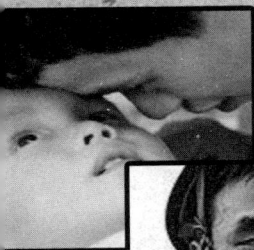

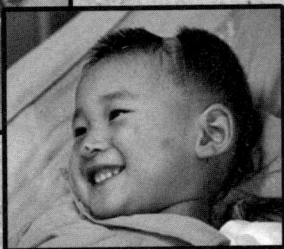

1. 1303年山西洪洞地震

公元 1303 年 9 月 17 日，晋南广大城乡忽然大风骤起，声如巨雷，山摇地动，山崩滑坡，地裂渠陷，村堡移徙，这就是历史上记载较为详细的山西洪洞、赵城附近的 8 级大地震。此次地震，震中位于北纬 36.3 度，东经 111.7 度；极震区烈度达 11 度；死亡 47.58 万人。这是迄今为止在全世界特大灾难性地震中，死亡人数仅次于陕西华县地震的占第二位的地震。破坏区北到太原、忻定，南达运城及河南、陕西等省的部分地区。破坏面积沿汾河流域分布，南北长 500 千米，东西宽 250 千米。山西、陕西、河南三省有 51 个府州县的志书记载了这次地震的破坏情况。

这次地震的破坏和伤亡极为惨重。霍县、赵城、洪洞一带南北长 44 千米、东西宽 18 千米的范围房屋几乎全部倒塌，官署民舍、庙宇塔楼无一幸免者。赵城县郇堡发生大规模地滑，地滑范围从东北的郇堡桥、韩家庄至西南的营田、北郇堡一线，地滑体长约 1600 米，宽 1400 米，滑体上的村落随滑体迁徙好几千米，滑动体摧毁了许多村堡、水渠、道路。地滑体附近及其以南的马头村一带还同时发生泥石流和河岸坍陷。灾难席卷了赵城以北的霍县、灵石、介休、孝义、平遥、汾阳、祁县、徐沟和南部的临汾、浮山、襄汾、曲沃等地，官民房舍均荡然无存，地裂城陷到处可见。在其外围，北至忻县、定襄，南到河南沁阳，东至长治、左权，西到大宁、陕西朝邑，均遭到不同程度的破坏。整个震区几无完屋，即便是墙厚地基好、柱粗梁多、抗震性能好的寺观、庙宇、官署、儒学等大型古建筑亦被毁 1400 多座。

山西洪洞地震损坏的尧庙

由于灾情惨重，元成宗铁穆耳发钞 96500 锭，遣使赈济，伊免差税，开放山场河泊，听民采捕，以渡灾年。大震后余震数年不止，加之连续三年天旱无收，人民饥寒交迫，流离失所。

这次地震灾情如此严重，除因地震震级很大之外，地震发生在晚 8 时左右也是主要原因之一，此时人们多在室内，房屋倒塌必然形成巨灾；而且极震区主要集中在人口稠密、地基软弱的太原、临汾两个盆地内，地基失效加重了建筑物的震害，该区域建筑质量（特别是土墙房和土窑洞）也很差，极不抗震，加上震前无感，人们毫无警觉和提防，震后各家都失去自救能力，当时又无救灾力量赴现场，遇难者难以得救，因而形成了奇异的灾害。

2. 1556 年陕西华县地震

1556 年 1 月 23 日 24 时左右（明嘉靖三十四年十二月十二日子时），北纬 34.5 度，东经 109.7 度发生 8 级地震。据史书记载，此次地震以陕西渭南、华县、华阴和山西永济四县的震灾最重，故称为华县地震。有姓名记载的死亡人数达 83 万人，是目前世界已知死亡人数最多的地震；共有 101 个县遭受了地震的破坏，分布于陕、甘、宁、晋、豫 5 省约 28 万平方公里。地震有感范围为 5 省 227 个县。震中区为西安市以东的渭南、华县、华阴、潼关、朝邑至山西省永济县等，约 2700 平方公里。陕西、山西、河南三省 97 州遭受破坏。余震月动三五次者半年，未止息者三载，五年渐轻方止。

地震造成的损失极其严重：民房、官署、庙宇、书院荡为废墟；较坚固的高大建筑物城楼、宝塔、宫殿全部倒塌；地震造成华阴县城西驻马桥断裂，城北大员村地裂数丈，水涌数尺；大荔县南的紫微观和朝邑西南的太白池在震后干涸；黄河南岸的大庆关和蒲州河堤尽数崩塌；华县凤谷山石泉废为干泉。据史料记载，死亡人口上万的县，西起径阳，东至安邑；死亡人口上千的县，西起平凉，北至庆阳，东至降县。震时正值隆冬，灾民冻死、饿死和次年的瘟疫大流行及震后其他次生灾害造成的死者无数可计。地表出现大规模形变，如山崩、滑坡、地裂缝、地陷、地隆、喷水、冒砂等。历史文献记载"起者卧者皆失措，而垣屋无声皆倒塌矣，忽又见西南天裂，闪闪有光，忽又合之，而地皆在陷裂，裂之大者，水出火出，怪不可状。人有坠入水穴而复出者，有坠于水穴之下地复合，他日掘一丈余得之者。原阜旋移，地面下尽（改）故迹。后计压伤者数万人"。

陕西华县地表形变

3. 1604 年泉州近海地震

1604 年 12 月 29 日（明万历三十二年十月九日）夜，泉州古城的人们刚要进入梦乡，突然传来一阵阵闷雷似的巨响把人们惊醒，顷刻之间山摇地动，房倒屋塌，整座古城像大海中的小舟颠簸不止，距震中 1000 多公里外的广西遂溪、湖北钟祥、汉川和上海、苏州等地的人们都感到了震动，我国东南部 10 个省市自治区的 120 多个县记载了这次地震。这次地震震级为 8 级，位于北纬 25.0 度，东经

119.5 度，是我国东南沿海最大的一次地震，古城泉州及邻区遭受严重破坏。

据史料记载，地震发生时山石海水皆动；泉州城内外楼房店铺全都倾倒；开元寺东塔顶盖南部的橼石有两条毁坏，东南角有 8 条毁坏；洛阳桥被破坏；多处出现地裂缝；在清源山，裂开的地缝中还涌出砂、水，气若硫黄；泉州沿海覆舟甚多；蒲田城墙崩塌数处，城中高大建筑多倾塌，乡间房屋倾倒无数；田地皆裂，并冒黑砂还带硫黄臭味，池水亦因地裂而干涸；漳浦南门外的田陷一穴，宽五丈余，深约二丈，水涌出，中有黑砂泥；南安民居坠坏甚多；同安庐舍多有倾颓者；安溪山川崩裂；福宁大震时听到如雷的响声等等。由于地震发生在傍晚，所以闽南沿海大部分地区都有人畜伤亡。此外，历史上有名的横跨海湾的梁式石桥——洛阳桥（建于唐朝，宋朝皇祐年间加以修理，全长 834 米，共有 58 个桥墩），大震时受到损伤，强余震时"桥圮，大石梁折入于海，桥北故址塌"。

尽管地震猛烈，灾情严重，仍有许多寺、庙、塔等古建筑经受住了大地震的考验，留存至今。泉州著名的开元寺就是基本完好地保留下来的古建筑之一。此外，闽南留存至今的大量明代民房建筑，不仅顶住了 1604 年大地震的摇撼，经过 300 多年的风风雨雨，亦未受到损毁。

4. 1668 年山东郯城地震

公元 1668 年 7 月 25 日晚（清康熙七年农历六月十七日戌时），山东省南部的郯城县发生了 8.5 级地震，震中位于北纬 35.3 度，东经 118.6 度，震中烈度达 12 度。地震波及鲁、苏、皖、浙、闽、赣、鄂、豫、冀、晋、陕、辽等十余省（410 多个县）和朝鲜半岛。山东郯城、临沂和莒县（临沭县和莒南县当时亦属此三县辖区）受灾最为严重，造成约 5 万余人死亡，破坏面积涉及方圆近千公里。郯城地震是我国历史上罕见的大地震，也是迄今为止我国历史上发生的震级最大的破坏性地震（释放能量约为 1976 年 7 月 28 日唐山 7.8 级地震的 11 倍）。地震震中正处于我国著名的"郯庐断裂带"主体范围内，是由陆地断裂带活动造成的地震。

现今存有史志、诗文和碑刻等数百种资料，记载了这次大地震。史志中有这样的描述，"有声如奔雷，又如兵车铁马之音"，"降雨、倾刻震"，霎时间"城楼堞口、监仓衙库、官舍民房并村落寺观一时俱倒如平地、城内四乡边地裂缝，或宽不可越、或深不可视"，"裂处皆翻土扬砂，涌流黄水、泉涌上喷高二、三丈，周围百里无一存屋"。沂水县志记载该县"倒房数千间"，章丘县志称当时"龙山山崩"。清代著名的小说家蒲松龄在《聊斋志异》中的《地震》一文，也详细记录了地震发生情形，"康熙七年六月十七日戌时，地大震。余适客稷下（今临淄），方与表兄李笃之对烛饮。忽闻有声如雷，自东南来，向西北去。众骇异，不解其故。俄而几案摆簸，酒杯倾覆，屋梁椽柱，错折有声。相顾失色。久之，方知地震，各疾趋出。见楼阁房舍，仆而复起，墙倾屋塌之声，与儿啼女号，喧如鼎沸。人眩晕不能立，坐地上随地转侧。河水倾泼丈余，鸡鸣犬吠满城中。逾一时许始稍定。视街上，则男女裸体相聚，竞相告语，并忘其未衣也。后闻某处井倾侧不可汲，某家楼台南北易向，栖霞山裂，沂水陷穴，广数亩。此真非常之奇变也。"

震后死尸遍地，无人收殓者甚多；四邻村落，腥臭之气弥漫；又逢暴雨炎日，瘟疬大作，灾民四处流散。地震惊动了大清朝野上下。康熙皇帝命户部具体负责赈济，并免去山东沂州等40州、县的年租，发赈灾款银227300余两。

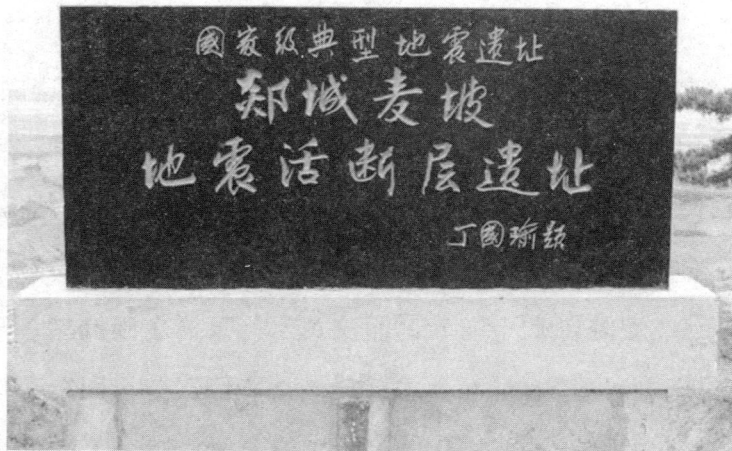

山东郯城地震遗址

至今，在山东郯城和枣庄等地仍有保存完好的此次地震遗址。郯城地震断裂带是我国东部最大的一条地震断裂带，呈南北走向，长 2600 米，宽 160 米。枣庄的熊耳山大裂谷是一条由地震形成的天然大裂谷，是目前我国发现最早的有史料佐证的特大地震山体崩裂遗迹。

5. 1679 年三河—平谷地震

1679 年 9 月 2 日（清康熙十八年七月二十八日），河北省北部燕山地震带发生了大地震。此震是中国东部人口稠密地区影响广泛和损失惨重的知名历史地震之一，是北京附近历史上发生的最大地震。震级估计为 8 级，震中烈度为 11 度，破坏面积纵长 500 千米，北京城内皇宫有多处损坏。震之所及东至辽宁沈阳，西至甘肃岷县，南至安徽桐城，凡数千里，而三河、平谷灾情最为惨重。

据史料记载，从通县到三河，城墙全部倒塌。死尸堆成山丘，幸存者寥寥无几。三河县受灾惨重，震后城墙和房屋存者无多，全城只剩下房屋 50 间左右；地面开裂，黑水兼沙涌出；柳河屯、潘各庄一带，出现新断层；该县地震死亡 2677 人。平谷县灾情与三河县相当，房屋、塔庙荡然一空；地裂丈余，黑水兼沙从地底涌出，田禾皆毁；东山出现山崩，海子庄南山形成锯齿山；县城西北大辛寨村水井变形。通县城市村落，尽成瓦砾，城楼、仓厂、儒学、文庙、官廨、民房、寺院无一幸存；周城地裂，黑水涌出丈许；小米集地裂出现温泉；压死人一万有余。河北的蓟县、宝抵、武清、固安等县破坏也极其严重，地裂深沟，黑水迸出，房屋倒塌无数，压死人畜甚多。

地震震中距北京仅 40 千米，北京及郊区各县损失相当严重。当时文人作诗曰："京城十万家，转盼无完全"。"前街后巷断炊烟，帝子官民露地宿"。皇宫（今故宫）堪称结构严谨、梁柱坚实、做工精细，在地震中也有数十处宫殿毁坏，其西北部尤甚。东长安街的翰林院房屋"倒塌者勿论，即巍然存者亦瓦木破裂，不可收拾"。

三河—平谷地震发生在华北平原北部，构造上处于东西向阴山—燕山隆起带与北北东向华北平原沉降带的结合部位，是重要的蕴震构造带，至今仍很活跃。华北地区大地震的重复期约 300 年。1976 年的唐山地震发生在此震以后的 297 年，与此复发期的估计是吻合的。

6. 1695 年山西临汾地震

山西省汾河流域的临汾盆地 1303 年在洪洞附近曾发生过一次 8 级大地震，造成极其严重的灾难。392 年后的 1695 年几乎在原地又发生一次 8 级地震，两次震中的距离仅相距 40 千米，震源体基本是重合的，这在我国大陆地区是罕见的，类似的震例在世界各地也极其稀少。

1695 年 5 月 18 日傍晚 8 点前后（清朝康熙三十四年四月初六日戌时），临汾盆地内发生 8 级大地震，史称"平阳地震"或称"平阳—潞安大地震"。震中位于北纬 36.0 度，东经 111.5 度。地震时有声如雷，地动山摇，城倒屋塌，加之烈火烧天，黑水涌地，使平阳府治临汾城顿时浸没在滚滚烟尘之中。地震波及范围，北到山西右玉，南达湖北谷城，西至甘肃平凉，东抵山东滕县，山西、陕西、河南、河北、山东、湖北、甘肃、江苏等省均受到震动，其中有 125 个府州县记载了这次地震的破坏情况。

当时的平阳府治临汾城地处临汾盆地中心，人口稠密，经济文化发达，官署林立，民房栉比。据记载，地震时"有声如雷，城垣、衙署、庙宇、民居尽行倒塌，压死人民数万。各州县一时俱震，临汾、襄汾、洪洞、浮山尤甚"。"平阳（即临汾城）东关城楼庙宇不留一间，压死人民无数。"临汾城东、南十几公里范围内，从一般民房到比较坚固的庙宇，均遭到毁灭性破坏。临汾城东的堡头村，村庄四周沟壁大规模崩塌，居民不得不迁至村西另建房舍，遂有东、西堡头村之称。襄汾县"黑水涌地"，"城垣、学校、公署、民居倾覆殆尽，死者不可胜记"。浮山县"坏房舍十之五"，"百姓困苦数十年"。洪洞"地裂涌水，衙署、庙宇、民居半为倒塌，压死人民甚众"，护城沙堤亦遭破坏。临汾、襄陵一带烈度达到十度强。从北部的平遥到南部的闻喜，从西部的石楼、隰县到东南部河南的获嘉，长 300 多千米、宽 200 千米的范围内，建筑都

山西临汾地震造成
灵光寺塔顶部震坏

遭受严重破坏。

这次地震造成的伤亡十分惨重。临汾城"压死男女二万有奇，有阁门尽毙不留一人者"。襄陵县"共压死男女七千有奇"。据嘉庆二十年（1815 年）刑部侍郎那彦宝在勘验平陆地震的奏报中称："检查平阳地震原卷，当时受灾共二十八州县，内受灾较重十四刚县，统计压毙民人五万二千六百余名。"

这次地震的次生灾害十分严重。地震以后，临汾一带"城廓房舍存无二三，居人死伤十有七八。更可惨者，斯时之烈火烧天，黑水涌地，厥后之夏田腾烟，秋陌浮蛙。伤残余生，何克堪此了！"伴随如此严重的火灾和水患，在古今地震史上尚属首次记录，为我们今天的防震抗震提供了极宝贵的经验教训。

这次地震还使汾河两岸的灌溉系统遭到严重破坏。临汾通利渠是长达 50 千米的大型灌溉渠道，"地震将渠塌断"，"合渠民田昔成旱埠"。洪洞县利泽渠在赵城卫店村西，引导汾水灌溉洪洞、临汾两县农田，其规模与通利渠相当，地震时也完全坍毁，严重地影响了当地农业生产，乃至整个经济的恢复和发展。

7. 1739 年宁夏平罗地震

1739 年 1 月 3 日晚 8 点左右，在平罗、银川一带发生该区有史以来最大的 8 级地震，银川平原内城镇村庄房倒屋塌，压死 5 万多人。尤以平罗及以南 20 千米的新渠，以北 25 千米的宝丰等县受灾最重，城垣房舍尽行倒毁，平地或突起为丘地，或下陷为沼泽，遍地裂缝宽数米。银川城破坏亦十分惨重。

这次地震不仅破坏严重，破坏范围和有感范围广，而且火灾、水灾和地表沉陷、液化等次生灾害大大加重了灾情。地震时值隆冬，当地军民都以火炉烤火取暖，房屋倒坍，火焰蔓延，烧毁衣物、家具、粮食、军械等。由于地震时大多数人都被压死压伤，无人救火，而且各城镇多处同时起火，火势越烧越猛，许多地方大火燃烧了 5 昼夜方熄。银川总兵官署的印信都被火焚化，官民兵马多被烧死。由于火灾焚毁衣物粮食和地震未倒的房屋，使灾民无衣无食无住处，因冻饿而再死伤一批。

地基液化不仅使地面大面积沉陷积水成沼，还使地下水产生很高的水压沿地裂缝喷涌而出，并夹带大量泥沙塞渠毁田，致使从黄河沿岸至贺兰山麓均成一片冰海、沙海。特别是宝丰、新渠及各营堡、黄河沿岸，地裂缝宽数米，大水涌出，河水泛涨，一并涌进城乡，遂成一片汪洋，水深 1 米至 2 米多，地震时未倒的房屋大多被水淹没毁坏，地震时未被压死的人畜大多被水淹冻而亡。

　　这次地震造成的损失是惨重的。官署、庙宇、兵民房屋倒塌无存，重要的历史典籍毁于一旦，灾害涉及甘、陕、鲁、晋、冀等省47州县，最远到河北容城，约900千米。由于这次地震，新建才十几年的宝丰、新渠二县被朝廷裁汰，属地大部归平罗县管辖，朝廷拨银7万两用于重建平罗县城。

8. 1902 年新疆阿图什地震

　　1902年8月22日（清光绪二十八年七月十九日），阿图什发生8.2级地震，史称喀什噶尔地震。清朝裴景福在《河海昆仑录》卷4中有此次地震的记载。

　　大震造成阿图什、乌恰等18个县的房屋倒塌3万多间，死伤1万多人，损失牲畜600多头；极震区内的土搁梁房全部倒塌；阿湖出现宽2米的地震破裂带；托格拉克卡拉亚尔几条沟崩塌数百至数千立方米，堵塞河谷，形成4~5级跌水，最高落差为5米。阿图什山错动，崩塌极甚；新泉如腰粗，喷水冒砂高达7~8米，甚为壮观，震后形成水泉，至今冒水不止；大震前，气候、动物异常，地光、地声等也有前兆。大震后，余震不断，延续了十年之久。

　　地震波及范围甚广，东起乌鲁木齐，西到塔吉克斯坦的苦盏，南抵和田以南，北达伊犁及俄罗斯的伏龙芝一带；共倒塌房屋3万多间，死伤 1 万多人，损失牲口 600 多头。

由于此次地震应力应变能的释放较为彻底，极震区内数十年内未发生过 5 级以上地震。

9. 1920 年宁夏海原地震

1920 年 12 月 16 日，位于中国宁夏西南部的海原县等六盘山广大地区，突然发生里氏 8.5 级大地震，震中烈度高达 12 度，导致海原、固原、西吉、静宁等四座大县城全部毁灭，23.4 万人死亡。

12 月中旬，海原、固原等县城先后出现"四面天边变黄如焰，晴空干燥，人均感焦灼烦躁"的反常现象。12 月 16 日晚 20 时 6 分，整个六盘山区传来一阵阵"如炮声散长，似春雷出土"的巨响，旋即地动山摇，墙崩土裂，屋宇坍塌。地震影响波及宁夏、甘肃、陕西、青海、山西、内蒙、河北、北京、天津、河南、山东、四川、湖北、安徽、江苏、上海、福建等 17 个省、市、自治区，震感面积达 300 多万平方公里，约占中国面积的 31%。由于极震区地处黄土高原，顷刻间，山体滑坡无数，山谷裂陷数尽；地下冒黑水，山头飞黄烟；大大小小的滑坡群体，形成一系列串珠状的"堰塞湖"，其中最大的长 5000 米，宽约 250 米。有专家指出：这种震后出现的群体滑坡，可以说是世界地震史上首屈一指的：滑坡点居然多达 657 处，滑坡总面积高达 5 万平方千米，并在黄土高原留下一道永久性地沟，一条由西北至东南方向约230多千米的地震断裂带。

由于海原地震释放的能量特别的大，而且强烈的震动持续了十几分钟，世界上有96个地震台都记录到了这次地震。因此，兰州白塔山公园的庙碑上用"环球大震"四个字来形容这次大地震，是最恰当不过了。当时有报道描述说，在以海原县为中心约2万平方千米的极震区，"全城的房屋均被荡平，人民死伤十之八九"，"山崩土裂，山河变更，无以辨认"；有的乡镇被夷为平地；有的数十里荒无人烟；有的两山合而为一；有的河道突来小山丘……在海原、固原、西吉、静宁、会宁、通渭、靖远等县，到处是一片"颓垣败壁遍荒村，千村能有几村留"的悲惨景象。

10. 1927年甘肃古浪地震

古浪城貌

1927年5月23日6时32分47秒，中国甘肃古浪（北纬37.6

度，东经 102.6 度）发生震级为 8 级的强烈地震。这次地震，震中烈度 11 度，震源深度 12 千米，死亡 4 万余人。地震波及甘肃、青海、陕西等地；武威、塔儿庄、张义堡、黑松驿、黄羊川等地破坏极为严重。

据古浪县志记载："是日将晓，初震一次，其势尚微……甫逾片刻，二次又来，霹雳一声，谷应山鸣，数十丈之黄尘，缭绕空中，转瞬天地异色，日月无光，城郭庐舍化为乌有，山河改观，闾巷莫辨，号痛之声，远闻数里，号称三百户之县城，压死男女七八百口，全城房屋，颓倒无遗……统计城乡之（死亡）人口四千有余，牛羊马（死亡）匹数达三万。"古浪城东自东岳庙，南至黑松驿之大坡头，西至西川（沙河沟）之小干沟，北至胡家边，距城约 50 里外，惨景满目，古浪以东的黄羊川一带地裂缝很发育，房屋破坏严重；小干沟木架结构房屋全倒，坟墓摇平，树梢拂地，山上平地裂缝很发育；黑松驿一带地裂缝很多，以近南北向为主，房屋几乎全倒，仅存娘娘庙和磨坊各一座，长城坍塌多处；胡家湾房屋全部震倒，山顶摇酥，裂口、裂缝很多，震时裂缝一张一合，震后地面凹凸不平，即使坚硬的地方也出现了宽 0.5 米的裂缝。

当时的《盛京时报》记载了武威县城及周围地区遭受地震破坏的惨酷情况："地忽大震，一时山谷崩裂，日暗无光，城市庐舍倒塌者十之六七，繁富之区，化为丘墟，数千年之古迹，同时浩劫，哭声震动天地，万井为之无烟，历来震灾未有若此之惨酷剧烈者。"

当时世界大多数地震台，如上海徐家汇台、列宁格勒台、苏黎世台、斯特拉斯堡台等十几个台站都清楚地记录到了这次地震。甘肃某天主教堂，一位修女怀抱四名孤儿被埋于屋瓦中，蒲登波罗克大主教称之"世界末日将要来临"！

11. 1932 年甘肃昌马地震

1932 年 12 月 25 日 10 时 4 分 27 秒，位于北纬 39.7 度，东经 97.0 度的甘肃昌马堡发生 7.6 级地震，震中烈度为 10 度，死亡人数为 7 万。位于上海徐家汇天文台和北京西山鹫峰地震台均记录到这次地震。

地震发生时，有黄风白光在黄土墙头"扑来扑去"；山岩乱蹦冒出灰尘，中国著名古迹嘉峪关城楼被震坍一角；疏勒河南岸雪峰崩塌；千佛洞落石滚滚……余震频频，持续竟达半年。这次"稀有大震"，令各国科学家众说纷纭；昌马，这个地图上都找不见的地名，成为地震学者关注的中心。

地震造成酒泉等县严重破坏：金塔城墙四周倒塌约 40 余丈；鼎新的城墙和房屋在顷刻之间坍塌一半；东南乡昌马房屋 90% 倒塌，人员死亡 400 多人，牲畜死亡在 500 头以上；赤金区房屋 60%~70% 倒塌；安西有民房 200 余间倒塌，城墙垛口倾圮五段。地震造成了严重的山崩、地面破裂、滑坡、井泉干涸、疏勒河绝流数日。最大崩塌为

5760 立方米；一后处坡体的面积达到几十万平方米；滑坡体上分布着宽大的密密麻麻的裂缝，其中长 40 米，宽 2 米，深 1~2 米的裂缝占全部裂缝的 25%；西罗湾湖滩地最大陷穴的直径达 10 米，深 2.5~3 米；高台县的损失最重，但由于人口少、居住并不稠密，因而造成的损失并不太严重，全区倒房 11675 间，死 270 人，伤 300 人。

就在这次大地震中，昌马上窑石窟的 12 座洞窟全部被震塌，石窟中的壁画、彩塑等各种文物被全部损毁。昌马下窑石窟的大多数洞窟也被这次大地震损毁，只有 4 座洞窟幸存，这就是我们今天看到的昌马石窟的 4 座洞窟。

12. 1933 年四川叠溪地震

1933 年 8 月 25 日 15 时 50 分 30 秒，位于北纬 32.0 度，东经 103.7 度的中国四川阿坝藏族羌族自治州茂县北部发生 7.5 级地震，震中烈度 10 度。死亡人数达 2 万多人。

震前曾发生犬哭羊嘶、蛇出鼠惊、乌鸦惨啼、母鸡司晨等异象。地震发生时，天空中发出霹雳一声巨响，大地开始猛烈地摇晃起来，地中发出巨大响声，与地面隆隆之声相混合。风沙走石滚滚而来，人们的耳、眼、口、鼻均被尘土所塞，满眼迷离不能远视，只见近处地皮到处裂开了大缝，忽开忽闭，大地向下倾陷，人在地上一步不能移动，意志全失。持续了一分钟之久，地壳停止摇晃，但四周巨大的隆隆声仍持续不断，沙石继续飞扬，三小时后尘雾稍歇，方可辨远近，太阳西沉，河山改易，城廓为存。叠溪这座拥有270余户羌人的古老羌城，历史上重要的军事要塞——古蚕陵重镇，竟被地震毁于一旦，只剩下一座残破不堪，倒塌了大部分的城隍庙。城隍老爷塑像亦被乱石打得支离破碎，半张庄严的脸庞和一只瞪圆的眼睛被埋在尘土之中。

巨大山崩使岷江断流，壅坝成湖。1933年10月9日19时，叠溪海子瀑溃，积水倾泻涌出，浪头高达20丈，壁立而下，浊浪排空。急流以每小时30公里的速度急涌茂县、汶川。次日凌晨3时，洪峰仍以4丈高的水头直冲灌县，沿河两岸被蜂拥的洪水一扫俱尽；茂县、汶川沿江的大定关、石大关、穆肃堡、松基堡、长宁、浅沟、花果园、水草坪、大河坝、威州、七盘沟、绵池、兴文坪、太平驿、中滩堡等数十村寨被冲毁；都江堰内外江河道被冲

叠溪地震遗址

成卵石一片，冲没韩家坝、安澜桥、新工鱼咀、金刚堤、平水槽、飞沙堰、人字堤、渠道工程，防洪堤坝扫荡无存；邻近的崇宁、郫县、温江、双流、崇庆、新津等地均受巨灾。据不完全统计，死亡人数约在 2500 余人。

在叠溪遭到灭顶之灾的同时，世界各地的地震仪也不断收到了大地颤动的信号：鸟孰峰、南京地震台几乎同时记录到这次灾难的振波；马尼拉、大阪、棉兰、孟买、哥本哈根、汉堡、檀香山、巴黎、突尼斯、悉尼、多伦多、威林顿、渥太华、拉巴斯等世界百多家地震台都测收到了这可怕的震波。

13. 1950 年西藏察隅地震

1950 年 8 月 15 日 22 时 9 分 34 秒，西藏察隅县（北纬 28.5 度，东经 96.0 度）发生震级 8.5 级的强烈地震。此次地震震中烈度 12 度，死亡近 4000 人。强震使世界各国的地震记录仪纷纷出格，美国科学家认为地震发生在日本，而日本科学家认为地震发生在美国。喜马拉雅山几十万平方公里大地瞬间面目全非，雅鲁藏布江在山崩中被截成四段。这次地震使整个雅鲁藏布江河湾地区和米林、林芝、波密、朗县、隆于、错那、八宿、察隅、昌都等 27 个县，以及印度境内阿萨姆邦的迪布加尔、萨地亚、提斯浦尔、乔尔哈特等被卷入这场灾难。破坏范围西南到西藏洛扎、印度西隆，东北抵西藏井盐、丁青间，长约 800 千米，宽约 500 千米，面积 40 平方千米。有感范围北至青海囊谦，东至四川巴塘、白玉、甘孜，南至缅甸的仰光，西至印度的勤克瑙，最远有感距离 1200～1300 千米。

察隅地震形成的堰塞湖

这次地震还引起了严重的次生灾害。地震发生的顷刻间，庙宇、官署、村庄毁灭，大地开裂，沉陷变形，地面喷水涌砂，田禾淹没，雪峰震裂，冰川跃动，巨型的山崩滚滚而下，使江河雍阻，森林毁坏，温泉消失，瀑布也荡然无存。墨脱至四境间数百公里的山间路径崩塞，连日飞尘蔽日，烟雾弥漫；南伽巴瓦山、工拉噶波山、工准德木圣山等雪崩不绝；雅鲁藏布江水势暴涨，流入印度阿萨姆邦宽阔平原地带；布拉马普特拉河两岸洪水为患，堰渠冲毁，道路切断，桥梁损坏。两座雪峰大规模雪崩和冰崩也随之产生，南迦巴瓦峰坡的则隆弄冰川下段冰舌突然崩落，冰体加上崩雪，翻越过一段小丘后掩埋了大峡谷进口处不远的直白村，全村 100 多人死于非命，只有一位正在水磨房磨糌粑的妇女被推到磨盘下，在冰雪窖中靠融水和糌粑坚持了 19 天，待到冰消雪化，才侥幸生还。

14. 1966 年河北邢台地震

1966 年 3 月 8 日 5 时 29 分，在河北省邢台地区隆尧县东发生了 6.8 级强烈地震，震源深度 10 千米，震中烈度为 9 度。继这次地震之后，3 月 22 日在宁晋县东南分别发生了 6.7 级和 7.2 级地震各一次，3 月 26 日在老震区以北的束鹿南发生了 6.2 级地震，3 月 29 日在老震区以东的巨鹿北发生了 6 级地震。从 3 月 8 日至 29 日在 21 天的时间里，邢台地区连续发生了 5 次 6 级以上地震，其中最大的一次是 3 月 22 日 16 时 19 分在宁晋县东南发生的 7.2 级地震，这次地震震源深度 9 千米，震中烈度为 10 度，这一地震群统称为邢台地震。

邢台地震的破坏范围很大，一瞬间便袭击了河北省邢台、石家庄、徽水、邯郸、保定、沧州 6 个地区，80 个县市、1639 个乡镇、17633 个村庄，使这一地区造成 8064 人死亡，38451 人受伤，倒塌房屋 508 万余间。这次地震袭击了 110 多个工厂、矿山和 52 个县市邮局，破坏了京广和石太等 5 条铁路沿线的桥墩和路堑 16 处，震毁和损坏公路桥梁 77 座，地方铁路桥 2 座，毁坏农业生产用桥梁 22 座共 540 米。

　　极震区地形地貌变化显著，出现大量地裂缝、滑坡、崩塌、错动、涌泉、水位变化、地面沉陷等现象，喷水冒砂现象普遍，最大的喷砂孔直径达 2 米；地下水普遍上升 2 米多，许多水井向外冒水；低洼的田地和干涸的池塘充满了地下冒出的水，淹没了农田和水利设施；地面裂缝纵横交错，延绵数十米，有的长达数千米，马兰一个村就有大小地裂缝 150 余条。地震还造成了山石崩塌、火灾等灾害。

周恩来总理慰问邢台地震灾民

　　在震后短短的时间里，地震谣言和地震误传事件迅速泛滥，仅说源就涉及河北、河南、北京等 3 个省市、8 个地区、40 个县市，影响面达数百万人，致使灾区及其邻区广大群众惊慌不安，一度无心劳动，工业产量下降，农业出勤率降低，其间接损失是巨大的；天津市和琢县有发电机掉闸，造成短暂停电现象；石家庄以西和山西昔阳等地破坏程度也较高。国务院非常重视邢台地震，即令当地驻军赶赴灾区进行抢救；全国各地大力支援灾区，派出医疗队，支援大批食品和救灾物资；周恩来总理3月9日冒着地震危险到震区隆尧县听取灾情汇报和救灾情况，慰问灾区人民；震后进驻灾区的医疗队达到94支，医务人员达到7115人。

15. 1970 年云南通海地震

1970 年 1 月 5 日 1 时 00 分 37 秒，玉溪市的通海发生 7.7 级地震。震中位于东经24.2度，北纬102.7度，震中烈度10度。受灾区有建水、峨山、玉溪、石屏、华宁、江川等县。倒塌房屋 338456 间，占灾区房屋总数的 32.1%；死亡 15621 人，占灾区总人口的 1.3%，其中90%为农民，重伤5648人，轻伤21135人，死亡大牲畜 16638 头，经济损失达 38.4 亿元。

地震使峨山、通海、建水等县境内房屋造成不同程度的破坏，人畜伤亡较多。特别是峨山小街至通海高大、建水曲溪盆地约50多千米的曲溪河谷地带损失最为严重。震区内有 30 余处较大规模的山崩，毁坏了农田、水渠、公路；地面滑坡或裂或崩，陵谷纵横，局部地陷达 6 至 8 米。

地震发生后，灾区向国家提出"三不要"——不要救济粮，不要救济款，不要救济物；依靠自力更生、艰苦奋斗的革命精神，依靠集体的力量来发展生产、重建家园。灾区幸存下来的干部群众与迅速赶来支持的人民解放军一道，掩埋好亲人的尸体，投入了重建家园的战斗。灾后第 3 天，遇难者尸体全部安埋完毕，灾后仅 1 个月，每户灾民有了一间简易住房。受灾当年，通海全县农业生产依然获得好收成。

1970 年 1 月 17 日，全国第一次地震工作会议在北京召开。我国的地震科学研究和防震减灾事业正式始于通海大地震之后。

云南通海地震的受灾群众

16. 1975 年辽宁海城地震

1975 年 2 月 4 日 19 点 36 分，我国辽宁省海城、营口县一带（北纬 40.41 度，东经 122.50 度）发生了一次强烈地震。震级 7.3 级，震源深度 16～21 千米，震中烈度为 9 度强。

这次地震震中区面积为 760 平方千米，区内房屋及各种建筑物大多数倾倒和破坏，铁路局部弯曲，桥梁破坏，地面出现裂缝、陷坑和喷砂冒水现象，烟囱几乎全部破坏。这次地震的有感范围很大，北到黑龙江省的嫩江和牡丹江，南至江苏省的宿迁，西达内蒙古自治区的五原镇和陕西省的西安市，东线越出国境至朝鲜，有感半径达 1000 千米。

这次地震由于发生在人口密集和工业发达地区，因而对地面设施和建筑物造成了严重破坏，震害现象复杂且多种多样。据震后统计，地震造成城镇各种建筑物破坏，占原有总面积的 12.8%。公共设施破坏更为严重。其中，破坏道路近 3 万米，给排水管路 16 万多米，供电线路 100 余万米，通讯线路 45 万多米，大小烟囱 400 多个。损失大量工业设备和生产物资；在农村造成民房破坏占原有面积 27.1%；破坏公路 38 千米，各型桥梁 2000 余座；水利设施 700 多个，堤坝 800 多千米；喷砂埋盖农田 180 多平方千米，使生产资料和设备也受到很大损失。

由于震前作出了中期预测和短临预报，以及广泛开展了防震减灾的宣传教育，使广大干部群众掌握了应急防震的知识，有效减轻了伤亡和损失。如 2 月 4 日大连至北京的 31 次旅客快车，载满了 1000 多名乘客奔驰在地震区的铁路上。19 点 36 分，列车运行到极震区唐王山车站前，火车司机突然发现车头前方从地面至天空出现大面积蓝白色闪光。这位司机懂得地震知识，马上意识到这是地光，判断地震即将到来，他沉着地缓慢减速，在减速过程中地震发生了。由于列车速度很低，未出现事故，最终安全地停了下来，保证了全体旅客的安全。

震前预报预防的成功，还带来了其他一系列的社会、经济效益。由于人员伤亡的减少，尤其是青壮年伤亡减少，有效地保证了灾区的抗震救灾、恢复生产和重建家园的顺利进行，减轻了由国家大量派出救灾人员和因停产而引起的损失。地震前，灾区工农业日生产总值 2600 万元，震后大部分在 10 天内恢复了生产，全区在 2 个月内就全部恢复了生产。如果没有预报和预防，按半年产的时间计算，将损失 30 亿~40 亿元。另外，震前对一些要害部门进行了加固和处理，避免了可能发生的重大次生灾害。如辽阳参窝水库，是全省大型水库之一。原无地震设防，工程质量也有一些问题，1975 年 1 月进行了坝体加固。地震时，坝区山石滚落，坝体裂缝加大，冰面出现 90 米长裂缝，但是整个大坝却安然无恙。又如，庆明化工厂于1974 年 12 月下旬对库存的 4950 吨易爆产品采取了紧急调出措施，免除了可能因地震引起的爆炸。

海城地震成功预报 30 周年纪念仪式

　　海城地震的成功预报，震动了世界。这是人类在自然灾害面前由被动到主动的具有重大意义的一步，它开创了人类短临地震预报成功的先河，使人们看到了地震预报的前景是光明的。据估计，海城地震预报拯救了 10 万余人的生命，避免了数十亿元的经济损失，仅就这一点来说，这次预报可以说是地震科学史上的一座丰碑。1976 年 6 月，美国"赴海城地震考察组"负责人雷利教授在地震现场说："中国在地震预报方面是第一流的。海城地震预报是十几年来世界上重大的科学成就之一。"

17. 1976 年河北唐山地震

1976 年 7 月 28 日凌晨 3 点 42 分 56 秒，河北省唐山市发生了 7.8 级地震。地震震中在唐山开平区越河乡，即北纬 39.38 度，东经 118.11 度，震中烈度达 11 度，震源深度 12 千米。当天 18 点 45 分又在滦县发生了 7.1 级地震，同年 11 月 15 日天津宁河发生了 6.9 级地震，主震后的余震更加加重了地震灾害。唐山地震无明显前震，余震持续时间长，衰减过程起伏大。

这是中国历史上一次罕见的城市地震灾害。顷刻之间，一个百万人口的城市化为一片瓦砾，人民生命财产及国家财产遭到惨重损失。北京市和天津市受到严重波及。地震破坏范围超过 3 万平方千米，有感范围广达 14 个省、市、自治区，相当于全国面积的 1/3。地震发生在深夜，市区 80% 的人来不及反应，被埋在瓦砾之下。极震区包括京山铁路南北两侧的 47 平方千米；区内所有的建筑物均几乎都荡然无存；一条长 8000 米、宽 30 米的地裂缝带，横切围墙、房屋和道路、水渠；震区及其周围地区，出现大量的裂缝带、喷水冒砂、井喷、重力崩塌、滚石、边坡崩塌、地滑、地基沉陷、岩溶洞陷落以及采空区坍塌等。地震共造成24.2万人死亡，16.4万人受重伤，仅唐山市区终身残废的就达1700多人；毁坏公产房屋1479万平方米，倒塌民房530万间；直接经济损失高达到54亿元。全市供水、供电、通讯、交通等生命线工程全部破坏；所有工矿全部停产；所有医院和医疗设施全部破坏；地震时行驶的7列客货车和油罐车脱轨；蓟运河、滦河上的两座大型公路桥梁塌落，切断了唐山与天津和关外的公路交通；市区供水管网和水厂建筑物、构造物、水源井破坏严重；开滦煤矿的地面建筑物和构筑物倒塌或严重破坏，井下生产中断，近万名工人被困在井下；唐山钢铁公司破坏严重，被迫停产，钢水、铁水凝铸在炉膛内；三座大型水库和两座中型水库的大坝滑塌开裂，防浪墙倒塌；410座小型水库中的240座震坏；6万眼机井淤沙，井管错断，占总数的67%；沙压耕地3.3万多公顷，咸水淹地4.7万公顷；毁坏农业机具5.5万余台（件）；砸死大牲畜3.6万头，猪44.2万多头。唐山市及附近重灾县环境卫生急剧恶化，肠道传染病患病尤为突出。

唐山地震中被扭曲的铁路

震后，党中央和国务院迅速建立抗震救灾指挥部。解放军和全国各地的救援队伍、物资源源不断地云集唐山，展开了规模空前的紧张救灾工作，及时控制了灾情，减少了伤亡。市区被埋压的60万人中有30万人自救脱险；解放军各部队出动近15万人；唐山机场一天起降飞机达390架次；京津唐电网3000多人组成电力抢修队；全国13个省、市、自治区和解放军、铁路系统的2万多名医务人员，组成近300个医疗队、防疫队；空运重伤员到外省市治疗，共动用飞机474架次，直升机90架次；共开出159个卫生专列；各级政府及时解决了群众喝水、吃饭、穿衣问题。

国家用于唐山恢复建设的总投资为43.57亿元。历经7年的建设，唐山建成一座功能分区明确，布局比较合理，市政建设比较配套，抗震性能良好，生产、生活方便，环境比较优美的新型城市。震后的建筑物均达到了8度设防，"唐山是世界上最安全的城市"。

2008年，唐山市国民生产总值达到3600亿元，人均GDP 4万元，全部财政收入420亿元，均居河北省首位。全市城镇居民人均可支配收入和农民人均纯收入分别达到16500元和7000元，人民生活接近全面小康水平。

18. 1999 年台湾 9 · 21 大地震

台湾 9 · 21 大地震，是 20 世纪末期台湾最大的地震，发生时间为 1999 年 9 月 21 日凌晨 1 点 47 分，震中在北纬 23.87 度，东经 120.78 度，即在日月潭西偏南方 9.2 千米处，也就是位于台湾南投县集集镇，车笼埔断层上面。其规模高达里氏 7.3 级，震源深度 8 千米，美国地质调查局测得地震矩震级定为 7.6 级。该震被称为 9 · 21 大地震或集集大地震。此次地震是因车笼埔断层的错动，并在地表造成长达 105 千米的破裂带。全岛均感受到严重摇晃，共持续 102 秒。

救援人员在台湾省中部的玉林县的废墟前进行测量

地震发生后的转眼功夫，美丽富饶的台湾宝岛变成了残破不堪的灾难苦岛。极震区的南投县及以东的集集、埔里一带和日月潭附近，遭到前所未有的极端破坏；房屋等建筑物坍塌无遗，到处是断壁残垣，完全彻底的废墟一大片。从台岛灾区传出的消息看，灾情十分惨烈，交通中断、通信中断、供电中断，整个台岛几近瘫痪。几乎所有媒体的报道和描述都以"残山残水残梦"、"剩下的只有废墟"和"极度绝望与沮丧"来形容。

在震中南投、埔里，几乎所有房屋"像风筝一样从空中往下坠落"，在梦中的人们甚至来不及做任何躲避，就被压在瓦砾之下；乌溪桥、军功桥等多处桥面断裂或凸起，交通全面中断；集集火车站全毁，数百多幢房屋全毁，一家老小全被活埋的悲惨事件多达数十起；在日月潭，天水相连的美景已被残破不堪所替代；草屯镇九九峰山头因地震影响而变得光秃一片；中兴新村有 5 厅处的大楼全倒；国姓乡九份二山大崩坍，将近 40 名村民活埋在难以估计的土石底下；埔里镇约有 400 多栋房屋倒塌，死亡人数超过 180 人；埔里酒厂因地震而发生爆炸；位于双冬断层上的中寮乡，死亡人数 178 人；位于中寮乡的台电超高压及一次输电铁塔共计 18 座全倒或半倒，而具输电枢纽地位的中寮超高压开闭所共有 34 具超高压输电线比压器及 47 具避雷器掉落损毁；竹山镇有多栋大楼倒塌；竹山秀传医院外墙龟裂；慈山医院大楼也受损。

台湾 9·21 大地震发生当日，余震相当多，一周内余震数已达 8000 次，其中 6 级以上强震 8 次，至 11 月 21 日余震数已高达 14428 次；地震复杂度和灾情严重度完全超出科学家们的想象预计。

　　为了纪念这次地震灾难，台湾每年9月21日定为防灾日，此外在被震毁的台中县雾峰乡光复国中原址设立"九二一地震教育园区"。

台湾武昌宫成为九二一地震纪念地

第五章
发生在其他国家的大地震

一份关于20世纪全球地震活动和地震灾害的综合报告认为，20世纪的地震灾害，比以往任何世纪都要严重得多。在这个不平静的世纪里，地震灾害逐年加重，死亡人员大幅度递增，经济损失以10倍乃至100倍的幅度增长，城市地震灾害尤其是城市地震灾害中次生灾害(如火灾等)也变得格外严重。

除了发生在我国的若干次特大地震灾害之外，20世纪发生于其他国家的数次地震灾害，其伤亡损失同样令人触目惊心。

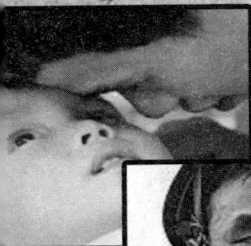

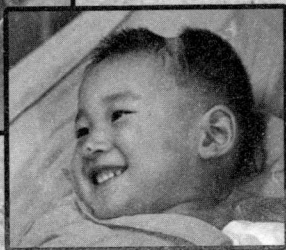

1. 1906 年美国旧金山大地震

1906 年 4 月 18 日晨 5 时 13 分，一次 8.3 级地震猛烈袭击了美国旧金山及周围地区。地震的肇因是美国西海岸"圣安德烈斯断层"的活动。这场大地震仅仅持续了 75 秒钟，之后的旧金山几乎一片瓦砾。

这场地震来势凶猛，短暂的时间内，高级住宅像积木一样倒塌下来，旧金山海湾沿岸那些建在沙质土地上的木屋，在地震中全部变成废墟；位于奈恩斯和布兰努街上的楼房也大多被震塌。而那些年久失修的公寓，木料腐朽，在地震中连挣扎一下都不可能，眨眼间就变成了一堆碎砖烂瓦，里面的人多数被当场压死。位于多尔街沿街的房屋虽未全部倒塌，但也都摇摇欲坠，面目全非。在商业区里，大多数房屋被地震摧毁，瓦砾高达四五米。在瓦砾堆中，偶尔露出僵硬的马腿和变了形的死人头颅。伯利海岸更呈现出一片浩劫后的狼藉，停泊在码头上的许多大汽艇竟搁浅在塌屋的废墟中。

旧金山地震后的街景

旧金山市政厅大厦曾令旧金山人引以为傲，是旧金山人花了 20 年的时间、耗费 600 万美元建成的。大厦的钢铁圆屋顶由许多高耸的铸铁和石头圆柱支撑。8.3级的强地震将这座大厦扳倒在街上，圆柱子倒塌时压死了几个路上的行人；大厦塔尖天花板和墙壁的碎块四处乱飞，散落到附近各处。

当时市内有50多处突然起火。勇敢的消防队员冒着两边房屋倒坍的危险，迅速赶到各处现场，扭开水龙头准备扑灭火焰，却没有一滴水淌流出来。人们这才注意到，埋在地下的粗大的地下自来水管全都断裂了。地下情况和地面一样，也乱成了一团糟。

绝望的消防员们束手无策，眼看火势越烧越猛，只好利用街面空隙，拼命阻挡烈火，企图把大火局限在少数街区内，不让它向外蔓延。可是市内火头太多，消防队员太少，顾此失彼无法如愿以偿。大火终于失去了控制，火焰跳跃过狭窄的街面，迅速舔着了对面的街区，延烧到别的地方。大火燃烧了整整三天三夜，吞没了约10平方千米的市区。消防队员这才下了决心，咬紧牙关使用火药在火区周围炸出一道宽阔的隔火地带，这才终于控制了火势，使旧金山没有像17年后的东京一样，完全被烈火焚毁一空。

在地震和火灾中，旧金山遭到了彻底的破坏，共有500多条街被毁，2800多栋楼房着火，其中一半是居民住宅。最新公布的死亡人数约为3000人，经济损失约5亿美元，其中70%由保险公司赔偿给投保人。由于损失巨大，许多保险公司无力赔偿，被迫破产。

地震过后，鼠疫为灾难中的旧金山又蒙上一层阴影。地震切断了水源，一杯水的价钱曾达到50美分。当时在旧金山人中流传一句名言："尽快吃喝玩乐吧，因为我们明天就可能不得不搬迁去奥克兰。"美国作家杰克·伦敦亲身经历了这次地震，写下著名的《旧金山毁灭了!》一文。

2. 1908 年意大利墨西拿大地震

1908 年 12 月 28 日晨 5 时 25 分，意大利著名的旅游胜地西西里岛的墨西拿市发生 7.5 级地震。地震时，城市房屋跳动旋转，地缝开合喷水，海峡峭壁坍塌入海。这个有千座石造金字塔的城市，在瞬间夷为平地。地震引起的海啸，洗劫了墨西拿海峡两岸的城市。这次地震中共有 10 余万人蒙难，其中墨西拿市有 8.3 万人死亡。

墨西拿是西西里岛第二大城市，位于该岛东北端，隔墨西拿海峡与意大利本土相望。在 1908 年 12 月 28 日发生灾难性事件以前，墨西拿是一座以风光旖旎闻名的城市。那天清晨，墨西拿整个城市忽然开始晃动起来。这次源自海底的地震，其破坏力遍及城市周围的农村地区，并越过墨西拿海峡影响到意大利本土的南端。在墨西拿和意大利本土的雷焦港（现称雷焦卡拉布里亚），大地下陷了 0.6 米。

墨西拿人纷纷逃离家园

西西里岛墨西拿海峡底部的大地震，刹那间让海峡两岸的墨西拿市和卡拉布里亚市的建筑物强烈地抖动摇晃起来。墨西拿市区更靠近震中，所以损失惨重，富丽堂皇的钟楼、教堂、戏院相继坍塌，所有建筑物均化为废墟。地震还使得海峡两岸的陡峭悬崖纷纷坍塌坠落海中，近海也掀起局部浪高达到 12 米的巨大海啸。巨波激浪横扫海岸直冲市区，墨西拿再次遭到横祸。

当时，墨西拿大主教被埋在倒塌的宫殿下，但 5 天后，他幸运地活着出来，而其他很多刚刚活着从废墟中爬出来的人转瞬间却被涌进市区的巨浪卷走。经过海浪的来回席卷，整个墨西拿市区、港口以及周边 40 多个村庄遭受了前所未有的洗劫。墨西拿遭到欧洲有史以来最严重的地震破坏，古城历经地震和水洗，化为水淋淋的一片废墟，甚至大地都下陷了约半米。

此次地震在西西里以及意大利其他南部地区造成了十几万人的死亡，而墨西拿市在地震和地震引发的海啸中死难者就达 8 万多人。更糟糕的是随之而来的饥饿和疾病还夺去了更多人的生命，好在整个意大利乃至世界各国很快从这个灾难中清醒过来，在意大利本土死里逃生的国王和王后带领着人们抢险救灾，而法国、希腊、阿根廷等国政府捐助了大量的救灾款，甚至很远的美国也拨款 80 万美元。后来，已经面貌全非的墨西拿依靠着历史遗留下的图纸和记录一点一点重建，历经几十年，才恢复了原有的很多风貌。

3. 1923 年日本关东大地震

1923 年 9 月 1 日上午 11 时 58 分，日本横滨、东京一带发生 7.9 级地震，地震的震源在东京湾西南的相模湾，震中距横滨约 60 多千米，距东京约 90 多千米。沿此海岸除东京和横滨两大城市外，还有许多小城镇，统称关东地区。地震发生时东京和横滨两座城市如同米箩作上下和水平的筛动，建筑物纷纷倒塌；东京地区的高楼在地震中悉数毁掉；东京等地有许多古建筑和现代建筑的精品之作在地震中化为一堆废墟，全国约有 1/20 的财产在地震中被大自然毁坏。

日本关东大地震

关东大地震中，除房屋倒塌造成了重大的人员伤亡外，大地也张开了血盆大口——地震造成的大裂缝，直接吞噬着人类的血肉之躯。有些人侥幸逃出了即将倒塌的房屋，却又掉到大地的裂缝中，被冒出的地下水活活淹死；没有被淹死的想从裂缝中爬上来，可是那"血盆大口"——裂缝又忽然合闭上，许多人被活活挤死。汽车掉进地裂后，地裂合并时，汽车连同车上的人被无比强大的压力挤成了铁饼、肉饼，地裂中不时传来撕肝裂胆的嚎叫声。有的地裂中喷出了水柱，直射地面，挤死在地裂中的人的尸体被强大水流喷到地面。一些压在瓦砾堆中的人，被地下冒出的水淹死。地裂将房屋撕成两半，把屋里的人统统吞到地裂里。

更可怕的事情发生了。大地震破坏了关东地区的煤气管道，四处燃起大火。东京、横滨虽然开始火势很小，但因为地下供水管道破坏，消防设施也已震毁，许多街道拥挤狭窄，消防人员根本无法扑火。救火人员千方百计从水沟和水井中抽水，但是无济于事。当大火临近时，人们争着携带家财用具，拉着人力车逃命，结果堵塞交通，贻误救火，而且把火带过马路，使火势不断蔓延。火长风势，风增火威，熊熊烈火卷起阵阵旋风又使着火区不断扩大。

特别悲惨的是东京下町区（现在的墨田区），约4万人逃到被服厂广场避难。因地处下风，不久广场就被猛烈的大火包围，无路可逃，许多飞溅火星随风而至，衣物家什开始燃烧，整个避难广场一片火海。有不忍烧烤的人跳入河中，不是淹死就是被高温河水烫死，3.8万人活活烧死于此地。大火燃烧了3天，直至可烧的烧尽。关东大地震引发的次生火灾，燃烧时间、过火面积和死亡人数等在灾难史上留下了难以忘却的印象。

关东大地震引起的大火

除了建筑倒塌和次生火灾，这次地震引发的山崩、海啸等次生灾害也十分严重。地震造成的剧烈的地壳运动使山崩地裂，多处出现大塌方。一座大森林以每小时90多千米的速度从田沪山上滑下山谷，碾过一条铁路，带着一大堆人体的碎片注入了相模湾，方圆几千米的海水被染成了红色。在根川火车站，一列载有200名乘客的火车在行进途中与一堵地震造成的泥水墙相撞。180多米宽、15多米深的巨大塌方把这列火车连同车上的乘客、货物统统带进了相漠湾，顿时无影无踪，车上乘客的命运不言而喻。一些村庄竟被埋在了30多米深的地震造成的泥石流、塌方中，永远消失在地球上。

大地震中，天灾也引发了人祸。地震后，"朝鲜人放火"，"朝鲜人要暴动"，"大地震还要来"等谣言引起人为恐慌，警察和军队的一些人趁机消除异己，造成了社会的动乱。

4. 1939年土耳其埃尔津詹大地震

1939年12月27日凌晨2时到5时，8级地震猛烈震撼土耳其，特别是埃尔津詹、锡瓦斯和萨姆松三省。埃尔津詹市除一座监狱外，所有的建筑物尽成废墟。地

埃尔津詹城

震造成5万人死亡，几十个城镇和80多个村庄被彻底毁灭。地震后，暴风雪又袭击灾区，加剧了灾难。

埃尔津詹是土耳其东部的一个城市，埃尔津詹省省会；人口7.3

万（1980 年统计数据）；位于幼发拉底河上游卡拉苏河北岸，控制通过该河谷地的东西向交通要道；该市有棉纺织、丝织、制糖、铜器制造与制药等工业。埃尔津詹在历史上曾经多次遭到地震破坏，1939 年的地震是最近发生的一次，这也是土耳其历史上损失最严重的一次地震。

土耳其也是一个地震频发的国家，该国以南是非洲板块，以东是阿拉伯板块，这两个板块向北移动，与正在向南移动的欧亚板块相对抗。这些板块每年以 1.3 厘米到 2 厘米的速度移动并互相挤压，使板块边缘地区的压力大大增加，容易引发地震。前一次大地震引起的地壳变动，会为下一次地震"创造条件"，因此地震会像多米诺骨牌一样接连发生。此次地震，使北安纳托利亚断层长达 362 千米的地段破裂。此后，从 1942 年到 1967 年，沿着这个断层又发生了 5 次大地震，每一次都使断层西部的部分地层遭到破坏。

5. 1960 年智利大地震

1960 年 5 月 21 日至 6 月 22 日一个多月的时间里，在智利发生了 20 世纪震级最大的震群型地震，在南北 1400 千米长的狭窄地带，连续发生了数百次地震，其中超过 8 级的 3 次，超过 7 级的 10 次，最大主震为 8.9 级，为世界地震史所罕见。地震期间，6 座死火山重新喷发，3 座新火山出现。这次地震导致数万人死亡和失踪，200万人无家可归；码头全部瘫痪，瓦尔的维亚城被淹没，智利国内经济遭受巨大损失，并引发了世界上影响范围最大、也是最严重的一次地震海啸。

智利大地震

当5月21日地震刚刚发生时，震动还比较轻微，但这种颤动与以往地震不同的是，它连续不断地发生着。接着，震级一次高于一次，震动也一次比一次剧烈。仓皇之中，人们摇摇晃晃跑出室外。这时虽然也有一些不太结实的房屋被震塌、震裂，偶然也有慌不择路的人们被压死和砸伤，但一些比较牢固的建筑物还都安然无恙。由于地震开始来势并不那么凶猛，人们还有时间躲避，伤亡人数不多。然而，连续两天持续不断的震荡使人们产生了松懈麻痹情绪，由于破坏程度不大，人们不像开始那样惧怕地震，有人甚至搬进了已被震裂的房屋中居住。5月22日19时11分，忽然地声大作，震耳欲聋，地震波像数千辆隆隆驶来的坦克车队从蒙特港的海底传来。不久，大地便剧烈地颤动起来。这次地震，是世界地震史上一次震级最高、最强烈的地震，震级达8.9级（也有认为震级高达9.5级）。它发生在位于太平洋智利海沟、蒙特港附近海底，震中为南纬38.2度，西经76.6度，影响范围在南北800千米长的椭圆内。这场超级强烈地震持续了将近3分钟之久，给当地居民带来了严重的灾难。蒙特港是智利的一个重要港口，设施完备先进，具有较强的吞吐能力，但在这场地震的淫威下，所有房屋设施都被震塌，许多人被埋进碎石瓦砾中。

大震之后，忽然海水迅速退落，露出了从来没有见过天日的海底，约15分钟后又骤然而涨，滚滚而来，浪涛高达8～9米，最高达25米，以摧枯拉朽之势，袭击着智利和太平洋东岸的城市和乡村。那些幸存在广场、港口、码头和海边的人们顿时被吞噬，海边的船只、港口和码头的建筑物均被击得粉碎。然后巨浪又迅速退去，把能够带动的东西都席卷一空，如此反复震荡，持续了将近几个小时。太平洋东岸的城市，已经被地震摧毁成了废墟，又频遭海浪的冲刷，那些掩埋于碎石瓦砾之中还没有死亡的人们，却被汹涌而来的海水淹死。太平洋沿岸，以蒙特港为中心，南北800千米，几乎被洗劫一空。

在这次大海啸的灾变中，除智利首当其冲之外，还涉及相当广泛的地区。太平洋东西两岸，如美国夏威夷群岛、日本、俄罗斯、中国、菲律宾等许多国家与地区，都受到了不同程度的影响，有的损失也十分惨重。地震发生后，海啸波以每小时700千米的速度，横扫了西太平洋岛屿。仅仅14个小时，就到达了美国的夏威夷群岛。到达夏威夷群岛时，波高达9～10米，巨浪摧毁了夏威夷岛西岸的防波堤，冲倒了沿堤大量的树木、电线杆、房屋、建筑设施，淹没了大片大片的土地。不到24小时，海啸波走完了大约1.7万千米的路程，到达了太平洋彼岸的日本列岛。此时，海浪仍然十分汹涌，波高达 6 ~ 8 米，最大波高达 8.1 米。翻滚着的巨浪肆虐着日本诸岛的海滨城市。本州、北海道等地，停泊港湾的船只、沿岸的港湾和各种建筑设施都遭到了极大的破坏。临太平洋沿岸的城市、乡村和一些房屋以及一些还来不及逃离的人们，都被这突如其来的波涛卷入大海。这次由智利海啸波及的灾难，造成了日本数百人的死亡，冲毁房屋近 4000 所，沉没船只逾百艘，沿岸码头、港口及其设施多数被毁坏。智利大海啸还波及了太平洋沿岸的俄罗斯。在堪察加半岛和库页岛附近，海啸波涌起的巨浪亦达 6 ~ 7 米左右，致使沿岸的房屋、船只、码头、人员等遭到不同程度的破坏和损失。在菲律宾群岛附近，由智利海啸波及的巨浪也高达 7 ~ 8 米左右，沿岸城市和乡村居民遭到了同样的厄运。中国沿海由于受到外围岛屿的保护，受这次海啸的影响较小。但是，在东海和南海的验潮站，都记录到了这次地震海啸引发的汹涌波涛。总之，智利大海啸对太平洋沿岸大部分地区都造成了程度不同的破坏，其影响范围之大，为历史所仅见。

6. 1970 年秘鲁钦博特大地震

1970 年 5 月 31 日，秘鲁最大的渔港钦博特市发生 7.6 级地震。在地震中有 6 万多人死亡，10 多万人受伤，100 万人无家可归。钦博特遭受地震和海啸的双重袭击，损失惨重。该市以东的容加依市，被地震引发的冰川泥石流埋没，全城 2.3 万人被活埋。

钦博特大地震

　　当时，由于地质与土质条件和土砖抗震性能极差等主客观原因，房屋等建筑物像豆腐渣一样，纷纷崩解、坍塌；尽管地震时值白天，并有沉闷的"数万汽车发动"似的地声先期提醒，但很多人却仍然来不及逃离，就当即被活埋在断壁残垣中。

　　与此同时，强大的冲击波震裂了瓦斯卡兰主峰的冰冠，这是秘鲁国境内最高的山峰，海拔6768米，峰顶常年积雪，冰山纵横，导致巨大的冰体坠落，酿变成南美洲甚至世界历史上空前绝后的特大灾害——容加依泥石流毁城大惨案：一块大约近千平方米的特大冰块，从瓦斯卡兰北峰崩塌，并狂落下坠900多米，撞击在海拔3700米处的冰山和冰河湖中。这无异于是一次"太空陨石与地球碰撞"似的惊天大碰撞。惯性溅起来的物体，猛然形成一个巨大无比的物体涡流气旋，旋风量足足有14级的狂暴；大约有一亿吨左右的冰块、岩石、泥土和冰雪被腾空卷起，遂又像天女散花似的纷纷坠落。先前没有被撞溅飞起的冰雪岩体，在"二次撞击"下，纷纷崩塌、滑坡，并形成一股前所未有的集结冰雪泥石流，估计约有5000万立方米的冰雪泥石流以 320 多千米的时速，即一分钟向前推进 5.4 千米，咆哮着向山下奔腾而来。十多米厚的泥石流，如巨蟒集结来袭，所经之处，还激荡起无数强劲的气浪和石雨；一块 3 吨多重的岩石，居然被气浪反弹到 600 米外。秒速高达 100 米左右的泥石流越跑越快，像庞大无比的推土机一样铲平了沿途所有的山丘和村庄后，又轻而易举地翻过 100 多米高的分水岭，时速已高达 400 千米，一下子"全体"凌空倾倒在容加依城内，当场冲埋 2.3 万人，创迄今世界历史上冰雪泥石流冲埋死亡之最。

至此，容加依城全部毁灭。更令人惊心动魄的是，强大的冲击惯性，使泥石流在覆盖冲埋容城后，还继续向前推进了好几千米，最终流程长达 160 千米。据震后官方公布，此次地震，除钦博特基本毁灭，楚基卡拉、瓦廉卡半毁灭外，容加依和兰拉西卡也全部毁灭；共计死亡 66794 人，10 多万人受伤，100 多万人无家可归。这是 20 世纪南美洲世界地震史上，引发最罕见、最猛烈、最大规模，一次性死亡人数最多的冰雪泥石流的特大灾难性地震。

7. 1985 年墨西哥大地震

1985 年 9 月 19 日清晨 7 时 19 分，墨西哥西南岸外太平洋底发生 8.1 级强震，震波约 2 分钟到达墨西哥城。顿时，该城整个大地突然剧烈颤动起来，仅仅 90 秒钟的时间，市中心 30% 的建筑物便化为瓦砾；无数巨大的烟柱拔地而起，晴朗的天空顿时扬起阵阵灰黄色的尘雾。紧接着，哭声、喊声响成一片，孩子们呼唤着父母，老人们跪在废墟旁抽泣，妇女们悲痛欲绝……到处是一幅幅惨不忍睹的景象。

这次大地震其震级之强，持续时间之长，受震面积之大，损失之惨重，都是墨西哥城历史上前所未有的。19日晨发生8.1级地震之后，第二天又发生6.5级地震，之后又出现5.5～3.8级余震38次。在这场大地震中，受灾面积达32平方千米，8000幢建筑物受到不同程度的破坏，7000多人死亡，1.1万人受伤，30多万人无家可归，经济损失达11亿美元。9月19日被称之为"墨西哥城最悲惨的一天"。

损失最惨重的是首都的心脏地区，这里集中了国家重要的政府机关和私人企业的办事机构。在该地区，半数以上的人白天在那里上班，晚上回家。此次地震发生时，许多人还没有上班，因此避免了更大的伤亡。但这里的政治、文化、新闻和通讯以及其他公共设施遭到严重破坏，造成停水、停电，交通和电讯中断，使墨西哥城全市陷入瘫痪，整个城市一片混乱。

地震发生后，总统立即赶到市中心指挥抗震救灾工作。他宣布成立救灾委员会，除与救灾有关的部门外，政

墨西哥大地震

府其他机构日常工作停止 3 天。一支由军队、警察、红十字会、工厂和学校等 15 万人组成的救灾队伍带着各种工具在瓦砾中挖掘、寻找幸存者。救灾委员会共调集 5000 多辆交通车运送灾民和伤员，4000 多辆卡车不停地装运瓦砾和碎石。抢险人员冒着余震的危险，用吊车吊走倒塌的预制板，钻进倒塌的建筑物内用镐刨、用手挖，在废墟中艰难地救出一个又一个幸存者。地震之后，仅仅两天多时间，市内水电供应、交通和通讯联系已基本恢复。震后第 5 天，已有几百万人返回工作岗位，城市生活开始恢复正常。

这次地震的主要原因与墨西哥城的地质条件有关。在距墨西哥城西部 200 英里的太平洋水域，有两个地层小板块，板块中间有一条北起墨西哥、南至巴拿马的地沟，这两个板块大约每 60 年有一次大的碰撞，因此，该地区大约每 60 年发生一次大的地震。过度汲取地下水也是墨西哥城受灾严重的原因之一。该市拥有 1800 万人口和 16 万家工厂，90% 的用水取之地下，每秒抽出的地下水达 16 立方米。墨西哥城是由湖泊沉积而成的封闭式盆地，南北两边是火山岩，地下水的过度开采使得无比坚硬的岩石依托的地表处于相对真空状态。当震动达到一定强度时，地表便严重塌陷。另外，建筑物抗震能力低下是墨西哥城受灾严重的又一原因。这里的许多建筑物，尤其是西班牙殖民统治时期修建的房屋，施工质量差，根本无法承受震级如此之大、时间如此之长的地震，特别是那些呈不对称三角形和 T 型的 5~20 层楼房在这场地震中倒塌的最多。反之，那些施工质量好、抗震能力强的建筑物，虽然遭强震袭击，但仍然岿然屹立。

8. 1988 年亚美尼亚大地震

1988 年年底，12 月 7 日 11 时 41 分，巨大的震动摇撼了位于俄罗斯南部的亚美尼亚地区。4 分钟之后又发生了规模 5.8 级的余震，斯皮塔克镇被完全夷平，全镇 2 万居民大多数罹难。造成如此严惩破坏的地震实属少见。在离震中 48 千米的亚美尼亚最大城市列宁纳坎（现名居姆里，亚美尼亚第二大城市），4/5 的建筑物被摧毁；在附近的基洛瓦坎城，几乎每幢建筑物都倒塌了。

地震发生时，人们正在办公室或车间工作，学生们正在课堂上学习，他们中许多人未能幸免于难。从列宁纳坎市的一所小学校的废墟中一次就运出了 50 多具儿童的尸体，痛不欲生的家长们在这里哭泣着寻找着自己的孩子，一些还活着的人们在瓦砾中呻吟着呼救。

地震造成的严重破坏遍及约 1.03 万平方千米内的乡村地区。官方公布的死亡总人数为 5.5 万，而据其他方面估计，死亡人数接近 10 万，50 万人无家可归。亚美尼亚对这次灾难毫无准备，建筑物

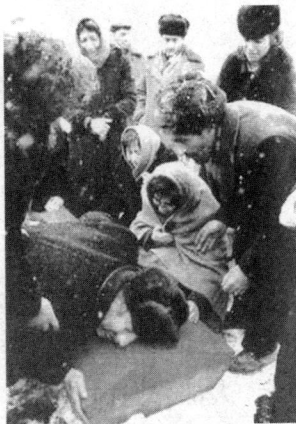

亚美尼亚大地震

像纸板搭的一样都倒塌了，也没有合适的求援设备。在从其他地方运来器械之前，人们只能徒手进行抢救工作。

全市有80%的建筑物被毁，50多个村庄被摧毁殆尽，造成经济损失100亿卢布，超过切尔诺贝利核电站事故的损失。苏联为救灾出动民航飞机3752架，军用飞机2426架次，救助人员8.2万人；短期内收到全国捐助救灾款12亿卢布；外国亦捐款1亿多美元，并出动286架飞机紧急运送救灾物资和救援人员。在这场大灾难中，已确信的死亡人数多达10万人；98%的尸体是从废墟下挖出来的；伤残1.9万人，受灾人数多达100万人。大灾难的幸存者不得不在已成断垣残壁的家园外挤成一堆。斯皮塔克体育馆外的棺材堆积成山，至少有好几千具。随后有大规模的救援行动展开，幸存者们用赤裸的双手拨开碎砖烂瓦，希望能找到失踪的亲属和朋友；亚美尼亚当局很快成立了一个救灾委员会；援救部队搭起无数帐篷收容灾民并提供粮食，医疗队提供灾民医疗援助。

9. 1990年伊朗西北部大地震

1990年6月21日0时30分，伊朗西北部的里海沿岸地区发生7.3级地震，震中位置为东经36.49度，北纬49.24度，位于首都德黑兰西北200千米的吉兰省罗乌德巴尔镇，该镇几乎所有的建筑物倒塌，大部分居民遇难。据当地居民说，这个镇震前有居民1.8万人，震后幸存者仅6500人，每个家庭平均死亡5至6人。地震发生后，由于余震和滑坡等后续灾害，受灾面积达 1.1 万平方千米，共导致 4 万人丧生，20 万人受伤，50 万人流离失所，9 万幢房屋和 4000 栋商业大楼夷为平地，全部经济损失为 80 亿美元。此次地震发生后的十余年中，伊朗又多次受到 6 级以上的地震破坏，死伤惨重。

伊朗北部地震

与日本等地震多发国家相比，伊朗每次地震造成的伤亡人数总是特别多。究其原因，首先是由于伊朗的地理位置特殊，地处三个地震带的汇合处，这些汇合点经常处于不断的运动和挤压之中；此外，伊朗基本上位于浅层地震带上，一旦地壳的运动超过一定程度，就容易发生地震。其次，伊朗很多建筑都是土坯结构，抗震性极差。一旦发生地震，最先倒塌、并被完全毁坏的往往是这些不能承受地震波冲击的土坯房。第三，救援设备落后也是造成死亡人数较多的重要因素。一点，伊朗居民防震意识较差。绝大多数人认为，安拉创造了人类，安拉也有权决定每个人的命运。因此，人类应该听天由命，服从安拉的旨意。

10. 1995 年日本阪神大地震

1995 年 1 月 17 日晨 5 时 46 分，日本神户市发生 7.2 级地震，震中距离神户市西南方 23 千米的淡路岛，属日本关西地区的兵库县。由于神户是日本屈指的大城市，人口密集，地震时间又在清晨，因此造成相当多伤亡（官方统计约有 6500 人死亡，房屋受创而必须住到组合屋的有 32 万人）。大阪市也受到严重影响。这次地震造成大阪市 5400 多人丧生，3.4 万多人受伤，19 万多幢房屋倒塌和损坏，直接经济损失达 1000 亿美元。神户市两座人工岛沙土液化严重，几乎所有岸壁崩塌，滑向大海，连接神户市和人工岛的跨海大桥也损坏严重，使日本第二大港神户港顿失生机。由于电线短路和煤气泄漏，灾区震后发生 500 多处火灾，在火灾最严重的地方，烈火蔓延了 1000 多米。这次地震死伤人员多、建筑物破坏多和经济损失大，是日本关东大地震之后 72 年来最严重的一次，也是日本战后 50 年来所遭遇的最大一场灾难。

阪神大地震在日本地震史上具有重要的意义，它直接引起了日本对于地震科学、都市建筑、交通防范的重视。当时一般日本学者认为关西一带不可能有大地震发生，导

地震后被破坏的阪神高速公路

致该地区缺乏足够的防范措施和救灾系统，特别是神户周围有相当多交通要道都通过隧道或高架桥，在地震时隧道受损严重，影响了搜救速度。神户市中更因瓦斯外泄、木造房屋密集而引起快速的连锁性大火，如神户长田区，全部的木造房屋都付之一炬。

从生命安全的观点来看，影响最大的是因震灾引起的住房破坏，90%的死亡者都是被不抗震的住房夺去了生命。同时，使灾害扩大的主要原因不仅仅是城市总体框架问题，而是市民完全忘记了对于日常随身用品的抗震贮备。此外，日本在地震中还总结出重要一点，那就是不能单纯依靠中

阪神地震中受损的三菱银行大楼

央政府的行政力量和自卫队救援的"公救"，受灾者自身要超越受灾意识，主动团结起来，互助"共救"。正是依靠这种共救意识，日本才克服了救灾和重建等难关。

11. 2004 年印度洋大海啸

2004 年 12 月 26 日，印度尼西亚苏门答腊岛以北海域当地时间上午 8 时发生里氏 8.9 级强烈地震，震源位于北纬 3.19 度，东经 95.51 度，距离苏门答腊岛西 160 千米，水下 10 千米深处。地震本

身（排除海啸）传遍到孟加拉国、印度、马来西亚、缅甸、新加坡和泰国，更远影响至波斯湾的阿曼、非洲东岸的索马里及毛里求斯、留尼旺等岛国。地震引发巨大的海啸席卷了印度洋沿岸地区，造成近30万人死亡，100多万人无家可归……其中，印度尼西亚、斯里兰卡、印度、泰国等国灾情最为严重。

苏门答腊地下是几块地壳板块重叠摩擦的交汇处，因而是世界上最高危的地震区之一。数十年来积压的巨大压力瞬间释放，产生"巨大的逆冲断层"，使得这次地震成为全球最剧烈的地壳移动。地质学家称，印度洋发生地震的瞬间，印度洋底的一个地质板块被另一个地质板块所挤压而向下沉，地球的质量向地心集中，进而导致地球自转周期缩短了3微秒，地球轴心也倾斜了大约2厘米。此外，强震还永久性地改变了当地的地质结构。

地震随即引发海啸，掀起狂涛骇浪，汹涌澎湃，产生极大的破坏力，让人惊呼电影《后天》里那些可怕的镜头，竟然真实出现在现实生活中。乌来来海滩本是印尼班达亚齐市最著名的海滩，方圆32平方千米。海啸前这里风景如画，游人如织。海啸发生后，这里尸横遍野，随处可见丧生的游客。据当地报纸报道，仅在乌来来海滩，截至到12月18日就挖掘出9600多具尸体。从海边向内陆的2000米内所有建筑几乎全部被摧毁，残垣断壁绵延100余里。一些原本是在海里重达数百吨的大渔船，在海啸之后直接被抛到了市区街道上。

历经此劫，泰国的普吉岛也花容失色：渔船歪七扭八地在海湾挤作一团，桅杆拦腰断裂，缆绳和船上的物品七零八落；街上一片狼藉，歪七扭八的车辆排起了长龙；电线垂在半空中，纹丝不动；塑料水桶、轮胎、桌椅、门框、粗细不一的树枝、三轮车、沾着血迹的木料，应有尽有地堆在街上。

泰国普吉岛遭遇海啸

在斯里兰卡，当局报告了确认死亡数字1.3万，估计死亡人数突破2万，大部分为儿童和老人，超过100万人无家可归。该国东部的贝迪卡洛和北部的提尼卡马里，洪水直入陆地达2000米。路边的房屋都成了横七竖八的折断的木板，屋顶颓然匍匐在废墟上面。

马来西亚沿海地区的房屋和村庄被严重破坏，不计其数的渔船被毁。政府宣布，为海啸遇难者的家属给予相当于263.16美元的补偿，每个受伤者获得52.63美元的补偿。

马尔代夫首都马累，整个城市有三分之二浸泡在水中。在海啸高潮期间，该国一些地势较低的小岛被彻底淹没，包括一些重要的旅游胜地。

　　这场世纪性的灾难，催生出一场世纪性的大救援。灾难发生后，来自世界各个国家的救援人员日夜兼程前往灾区。在印尼重灾区班达亚齐，扎满了各个国家和非政府组织的营帐。短短的十几天，全球范围内的官方承诺救援资金超过 52 亿美元，全球民间捐款总额也超过 18 亿美元。同舟共济，共抗灾难，这一世纪大救援行动为人类发展史留下了生动的一笔。

第六章
人类对地震的研究

　　人类对地震的认识经历了一个漫长的过程，随着人类文明程度的提高和科技水平的进步，地震研究步入了科学的轨道。相信总有一天，人类可以通过对地震的尽量准确的预报，来避免或减小地震对人类自身造成的伤害。

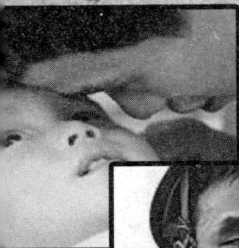

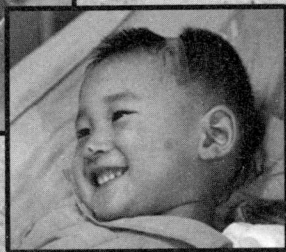

1. 人类早期地震研究

由于科学的不发达，古代的人们对地震发生的原因不是很清楚，常常把地震的发生归因于拥有巨大力量的神灵在作怪，并产生很多传说，如前文提到的地牛翻身、日本的"地震鲶"等。当然，这些荒诞不经的传说都是不科学的。

早期的地震记载

我国是一个地震多发的国家，几千年来，我们的祖先顽强地与地震灾害作斗争，留下了大量的历史记录资料，观察并记载了详细的地震前兆现象，积累了许多防震抗震的经验知识，在地震的预测和抗震方法的探索上，都取得了辉煌的成就。我国关于地震的记录开始很早，晋代的《竹书纪年》记载，帝舜时期"地坼及泉"、夏桀末年"社坼裂"，这些现象可能是关于地震的最早记录。战国时期晚期（公元前三世纪）的《吕氏春秋·季夏纪》里记载了"周文王立国八年，岁六月，文王寝疾五日，而地动东西南北，不出国郊"。这一记载明确指出了地震发生的时间和范围，是我国地震记录中具体可靠的最早记载。此外，在《诗经》、《春秋》、《国语》和《左传》等先秦古籍中都有关于地震的记述，并保存了不少古老地震记录。从汉代开始，地震就作为灾异记入各断代史的"五行志"中了。宋元以后地方志发达起来，地震也被作为灾异记入志中，地震史料大大增加。除了这些官修的正史、方志外，许多私人写的笔记、杂录、小说和诗文集中也有地震的记载，而且往往附有生动的描述。历代的一些"类书"，如宋代编的《太平御览》、清代编的《古今图书集成》等，还按分类收集了不少地震资料。此外，碑文中也有历史地震的记载。

早期的地震预测

我国古代的劳动人民通过对地震前兆现象的观察来预测地震，这方面的记载非常丰富，并且成功地预报、预防了一些地震。例如清文宗咸丰五年（1855年），辽宁金县地区的人民根据地声预报了一次破坏性地震。劳动人民预测预报地震，不只是限于个别地震前兆，他们还以综合的观点，对预报地震的前兆现象作了概括。例如清高宗乾隆二十年（公元1755年）编写的《银川小志》，记载清初一位在官府做饭的炊事员和几位老乡共同总结出了预报地震的前兆，书中说，宁夏地震"大约春冬二季居多，如井水忽浑浊，炮声散长，群犬围吠，即防此患"。从这段记载，可以看出劳动群众除了认为宁夏地震发生的时间有春冬二季居多的特点外，更加重要的是，提出了井水变化、地声和动物异常跟地震的关系，已经有了综合多种前兆现象来预报地震的思想。

早期地震预测工具——地动仪

在地震知识不断积累的基础上，东汉时期的著名科学家张衡发明了候风地动仪，它被公认为是世界上第一台能够观测到地震发生方位的仪器。候风有候气的意思，古人认为地震是由地气所吊起的，因而以此为名。关于张衡地动仪的记载，见于《续汉书》（司马彪）、《后汉纪》（袁宏）、《后汉书》（范晔）三部史书。这些史料记述了地动仪的外观、内部结构、工作过程以及验震情况。

据《后汉书》记载，地动仪以精铜铸造而成，圆径达八尺，外形像个酒壶，机关装在樽内，外面按东、西、南、北、东北、东南、西南、西北八个方位各设置一条龙，每条龙嘴里含有一个小铜球，

地动仪复原模型

地上对准龙嘴各蹲着一个铜蛤蟆，昂头张口，当任何一个方位的地方发生了较强的地震时，传来的地震波会使樽内相应的机关发生变动，从而触动龙头的杠杆，使处在那个方位的龙嘴张开，龙嘴里含着的小铜球自然落到地上的蛤蟆嘴里，发出"铛铛"的响声，这样观测人员就知道什么时间、什么方位发生了地震。仪器制成不久便测出顺帝永和三年二月初三在陇西发生的地震，可见仪器灵敏度相当高。但由于统治者对于科学技术上的发明创造不够重视，所以张衡在地震方面的研究和发明得不到他们的支持，地动仪创造出来以后，不仅没有得到推广使用，就连仪器本身也没能受到保护而留存下来。

中外学者经过研究，给予了张衡地动仪很高的评价，认为它是利用惯性原理设计制成的，它的基本构造符合物理学的原理，能探

测地震波的首先主冲方向。近代的地震仪在公元1880年才制成，它的原理和张衡地动仪基本相似。和外国相比，张衡地动仪要比西方类似仪器的出现早约1700年。

知识延展：发明地动仪的张衡

张衡（公元78年—公元139年），字平子，南阳西鄂（今河南南阳市石桥镇）人。他是我国东汉时期伟大的天文学家，为我国天文学的发展做出了不可磨灭的贡献；在数学、地理、绘画和文学等方面，张衡也表现出了非凡的才能和广博的学识。张衡除了发明创造了候风地动仪外，还创制了世界上第一架能比较准确地表演天象的漏水转浑天仪，制造出了指南车、自动记里鼓车、飞行数里的木鸟等等。张衡是东汉中期浑天说的代表人物之一；他指出月球本身并不发光，月光其实是日光的反射；他还正确地解释了月食的成因，并且认识到宇宙的无限性和行星运动的快慢与距离地球远近的关系。张衡共著有科学、哲学和文学著作32篇，其中天文著作有《灵宪》和《灵宪图》等。为了纪念张衡的功绩，人们将月球背面的一座环形山命名为"张衡环形山"，将小行星1802命名为"张衡小行星"。

张衡

为了减少和避免地震造成的伤亡破坏，采取防震抗震措施是一个重要的方面。古代人民群众在这方面积累了不少的经验，找到了好些切实可行的办法和措施。他们对于房屋建造用材问题，以及震前震后的防震抗震知识也很丰富，这些知识对我们今天的抗震减灾依然具有借鉴意义。

2. 现代地震研究及相关学科

进入现代以来，人类对地震的认识得以从科学的角度出发，从而开辟出了一片完全崭新的研究天地。研究地震，最基本的是研究地震的发震时间、震中位置和地震强度。随着地质勘探技术的进步，人类对地球构造的认识加深，形成了以地球内部构造结构为基础，地球板块运动为模型的地壳形变引起地震的理论。与之相关地，地壳形变运动发生时，地下水水位的升降变化，以及地下水的化学组成的突变也成了预测地震的重要参考指标。随着有记录的地震观测数据的积累，人们发现地震的发生与地磁、地电的变化也存在着一些联系，通过对地磁地电的观测来预测地震也成为一个可以考虑的突破口。

地震活动性研究

早期的地震学主要研究地震发生后的各种现象，多局限于研究较大地震的地理分布和时间分布。20 世纪 60 年代起，地震预报被提上日程，人们迫切需要知道强震发生前的诸种现象，强震前观测到的大量中小地震，为人们寻求地震前兆提供了信息。目前关于前兆性地震分布图像的研究已经比较深入，形成了地震活动空区和地震活动条带两个地震前兆模型。

在强震发生前的一定时期内，在未来的震源区附近，地震活动水平有下降趋势，从而形成地震活动空区。通过寻找地震空区预测未来强震的地点、大小和时间，是利用前兆性地震活动图像预报地震的一个有希望的方法。通过多次强震的对比分析，发现空区基本上都位于具有较强地震活动背景的地区。空区不仅有其平静的一面，还有外围地震活动增强的一面。通过对大量震例的分析，研究空区面积、长轴、空区持续时间等与未来地震强度的统计关系，在实际预报中可以发挥一定的效用。

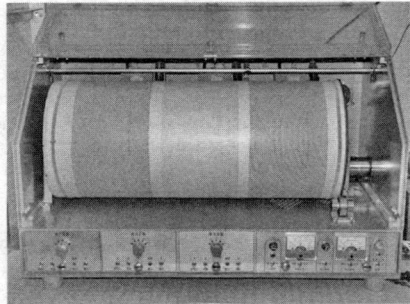

地震自动记录仪

地震活动条带是指在区域地震活动不断增强的背景下，地震震中由分散、凌乱状态转化为集中分布的过程中形成的，未来强震往往发生在这个条带上。通过条带内外地震强度、能量等的对比分析，可提高判定条带的准确性。

地壳形变测量法

地震大部分是发生在地壳的中上部，而地震发生时一定会伴随地壳形变的发生。因此，地壳形变与地震关系的研究，是地震预报中很重要的一项基础研究。地壳形变测量是大地测量的一部分，它是研究地震过程的重要手段。地壳形变测量工作主要是在活动构造带、多震地区和具有一定潜在地震危险的重点地区，以及大型水库区等要害地区进行的。地壳形变的测量周期比大地测量周期短得多，并经常视需要进行加密观测，还要特别注意大地震前后的及时测量。

地壳形变测量主要有垂直形变测量、水平形变测量、跨断层测量和定点形变测量几种。

垂直形变测量的目的，是测定地壳的升降运动，其主要方法是精密水准测量。在地壳形变监测区按一定计划布点，在每个观测点将水准标石（水准点）牢固地埋在地下或出露于地表的基岩上，从而组成垂直形变网。定期测量各条水准线上水准点之间的高差，经过适当处理就可以确定地壳是否发生了垂直形变。垂直形变监测网应布设在以活断层为主的构造带，大城市、大厂矿、大水库和交通枢纽为主的重点保卫区，以及地震活动区和地壳形变异常区。

资料表明，大多数浅源地震震源区均以水平错动为主，水平位移的幅度往往比垂直位移大。因此，研究水平形变也和垂直形变一样具有重要意义。地壳的水平运动是通过测定地面上一些点的平面位置变化来描述的，为此需要布设水平形变观测网。构成水平形网的基本图形是三角形，所以也称三角网。按照观测元素的不同，可以分为测角网、测边网和边角同测网。测网的布设原则和复测周期与垂直形变网的要求相同。

自从地震的断层成因说提出以来，断层位移与地震的关系受到了地学工作者的特别关注。为了了解产生地震的断层力学过程，捕捉地震前兆，地学工作者布置了各种跨断层测量。跨断层测量与获得断层两测点之间的产状、断层运动方式、两侧岩体力学性质及测点距断层面和距离有关。测值中还包含某些干扰因素的影响，应予以排除。

为了重点监测某个地区的地震发生情况，可以建立地壳形变台站来进行短水准和短基线观测。前者是用精密水准测量方法测定地面的垂直运动；后者则是用精密测距方法测定地面之间的水平位移。它们一般布设在活动断裂带上以监视断层活动。一般每时日观测一次，长期连续观测。

地下水观测

对地下水的观测和研究，主要是针对地下水的水位、水温、流量及气体—化学成分随时间变化的动态规律进行总结，研究地下水

的动态规律发生异常与地震的关系，是探索地震预报的重要课题之一。经过实践检验，地下深井水网观测效果良好，对监视区内发生

水位观测仪

的强震均能观测到地下水异常，对一些地震作了一定程度的预报。在广泛开展实际观测的同时，科技工作者还对地下水前兆的物理机制进行了探讨，进一步认识到地下水动态变化与地壳岩石受力变形之间的关系，并且由于封闭性较好的深井水位灵敏度高，能很明显地反映地下含水岩体的微小变形，对地震的预测有很现实的意义。

由于水具有易流动性、不可压缩性，气具有易穿透性，因此水和气对力的作用特别敏感。地下水在地壳中的分布深度达 20～30 千米，这正是大多数震源分布的范围。因此，在地震孕育、岩体受力变形及破裂的过程中，含水围岩的应力—应变变化将造成地下水物理性质和化学成分的明显变化，并通过水的流动将变化信息传递到浅部来。因此，通过测定地下水（气）物理性质、化学成分随时间和空间的变化来预测地震成为地震预报的有效方法之一。

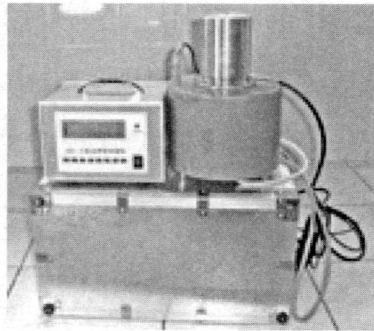
测量水中氡含量的测氡仪

地磁地震关系的研究

国内外多次大震发生前，均在震中及其邻区发现过大量与电磁波有关的异常现象。现在世界各国都组织开展系统的观测和研究工作，已经或计划进行的研究课题非常广泛，有的已经取得了一定成果。例如，对震前电磁波异常进行了分类，指出存在两种不同起因的电磁波异常：一类是在孕育过程中，由震源体产生的某种电磁辐射，称之为辐射异常；另一类是由于震源体及其邻区介质物理性质的变化，导致该区电磁波传播特性的变化引起的电磁波异常，称之为传播异常。前者可能发生在孕育直到发震的整个过程中，压电效应、动电效应、热电效应等均能导致岩石在微破裂时产生电荷的积累与释放，从而使震源区辐射出频谱很宽的电磁波。

地震孕育过程中，经常伴有地下介质电阻率的变化及大地电流和自然电场的变化。观测研究这些变化（主要是地壳上部介质电阻率的变化），提取地震前的电信息，并探讨其与地震之间的关系，以进行地震预报，是地电观测的主要任务。地震预报中的地电研究与应用主要为地壳浅层介质电阻率的变化和地壳深部介质的电性变化两个方向。同其他地球物理手段一样，用地电方法预报地震仍处于经验性阶段，离预报地震目标还相差很远，有待于继续努力探索。

地球重力场是地球的一种物理属性，重力随观测点空间位置和地球介质密度状况而变化，因此，观测重力场的变化反过来可以研究地壳的变形、介质密度的变化或质量的迁移，从而探讨与地震预报研究和现代地壳运动有关的地球动力学问题。重力场的时间变化主要反映地球的变形、地球内部质量运动，以及地球在空间运动中一些动力学要素的变化，它与现代地壳运动、地震预报研究和基础天文学等密切相关。重力场的时间变化又

重力仪

可分为潮汐变化和非潮汐变化两类。前者起因于外部天体（主要是太阳和月球）对地心和地球表面的引力作用；后者则主要是地球自身的变化，如地球自转速度的变化、地极移动、地壳运动、地壳变形和深部物质变异等引起的。观测地震前重力变化的较好的实例是1976 年唐山地震。这次地震发生的前半年，重力场就出现了趋势性的变化，震后异常恢复。

利用卫星监测地震

随着空间卫星技术的发展，卫星在地震预报研究和应用上的作用也越来越大。我国在"九五"期间就开始了卫星预报地震的研究和应用，并取得了初步成果。我国有关专家认为，发展地震监测卫

星十分必要。我国建成了相当数量的地基电磁监测台网，但我国幅员辽阔，地震多发区多，已建和筹建的电磁监测台还不能满足预报需求。而在空间轨道运行的卫星对地电磁观测覆盖范围大，不受地面自然条件限制，且空间电磁的场动态信息强于地面的信息。利用卫星实现空间电磁监测，将对地震预报起到积极的推动作用。此次汶川地震，如果我们事先有该地区连续的空间电磁监测图像，就可能会做出预报。

发展我国的地震电磁卫星对地观测技术，将空间手段与地基监测相结合，建立天地一体化的立体地震电磁监测系统，将明显增加地震前兆的信息量，为地震预测预报提供重要的科学判据。我国航天发展"十一五"规划中，明确提出了开展地震电磁监测卫星研究。汶川震后，国家国防科技工业局组织召开的航天技术应对当前地震灾害的专题研讨会上明确提出，要进一步加快包括地震电磁监测试验卫星在内的关键技术的攻关研制，不断增强航天技术服务国家防灾救灾事业的能力。

地震监测卫星的计划是 20 世纪 90 年代初，在多年研究的基础上，前苏联科学家提出的建立地震前兆全球监测卫星系统的设想。该系统的目标是对特定地区上空的电磁波、电离层等离子体特征等进行长期监测，在震前 2 小时～48 小时做出预报。俄罗斯先后于 1999 年、2001 年、2006 年发射了 3 颗卫星，用来探测与地震有关的电离层变化信息，探索地震预报信息和预报技术，研究与地震等自然灾害有关的电离层、电磁和等离子体变化等前兆。另外，美国、

美国 2003 年发射的地震卫星

法国、乌克兰、意大利和我国的台湾地区也进行了地震电磁监测卫星的相关研究或有这方面的研究计划。

与传统的地面地震监测站相比，利用卫星监测并且预报地震的方法无疑为人们提供了新的预报的依据。虽然利用地震电磁卫星预报地震目前还处于探索阶段，但是这一方法已得到了许多科学家的认同。未来，随着科技水平的提高和科学研究的深入，地震电磁卫星有望在地震预测中发挥重要的作用。

地震研究相关学科蓬勃发展

对地震的研究直接促进了地球物理学的蓬勃发展。地球物理学自 20 世纪初形成以后，进入 60 年代后发展迅速，包含许多分支学科，涉及海、陆、空三界，是天文、物理、化学、地质学之间的一门边缘学科。地球物理学是以地球为研究对象的一门应用物理学，现已发展成为包含地震学、重力学、地电学、地磁学等多个学科及其形成的交叉学科的多分支学科。地震学与重力学、地电学、地磁学、地热学、地质学、天文物理学等学科都有着密切的关系，各学科已经形成了相互促进的关系。

3. 中外地震研究机构

随着人口的密集化和建筑高度的增加，地震一旦发生，给人类造成的创痛就非常巨大，因此世界各国都在地震研究与应对地震上不敢松懈，成立了专门的管理机构和研究部门，组织了地震学会并建立了地震网络。

中国地震局

中国地震局是管理全国地震工作的国务院直属单位，成立于1971年，当时叫做国家地震局，1998年更为现名。中国地震局负责拟定国家防震减灾工作的发展战略、方针政策、法律法规和地震行业标准并组织实施；组织编制国家防震减灾规划，拟定国家破坏性地震应急预案，建立破坏性地震应急预案备案制度，指导全国地震灾害预测和预防，研究提出地震灾区重建防震规划的意见。中国地震局负责制定全国地震烈度区划图或地震动参数区划图，并负责重大建设工程和可能发生严重次生灾害的建设工程的地震安全性评价工作，审定地震安全性评价结果，确定抗震设防要求。

中国地震局对各省、自治区、直辖市地震局实施领导，管理全国地震监测预报工作，制定全国地震监测预报方案并组织实施，提出全国地震趋势预报意见，确定地震重点监视防御区，报国务院批准后组织实施。中国地震局承担国务院抗震救灾指挥机构的办事机构职责，对地震震情和灾情进行速报，组织地震灾害调查与损失评估，向国务院提出对国内外发生破坏性地震做出快速反应的措施建议。

中国地震局还负责确定地震科技的发展规划，组织地震科技研究和国家重点地震科技项目攻关，组织协调地震应急、救助技术和装备的研究开发，承担地震科技方面的对外交流与合作，承担国际禁止核试验的地震核查工作，并对地震研究和建设的经费与专项资金的使用进行管理和监督。此外，中国地震局对防震减灾知识的宣传教育工作进行指导。

中国地震局地震预测研究所

中国地震局地震预测研究所，其前身为中国地震局分析预报中心，成立于 1980 年 1 月 1 日，是国务院针对我国 20 世纪 70 年代中期严峻的地震形势决策组建的。地震预测研究所通过对地震过程的观测、模拟和预测理论及方法研究，探索地震孕育、发生和发展规律，促进地震科学发展，为地震监测预报和防震减灾服务。地震预测研究所主要在地震科学研究、地震预测研究、地震观测方法与技术研究和其他相关方面做一些研究工作。

通过开展震源环境、地震过程和震源破裂机理等地震科学的基础研究，地震预测研究所为地震预测提供理论依据。地震预测研究所以地震预测试验场为基地，在地震构造和地壳精细结构、高分辨率动态地壳形变、地震活动性、震源参数变化等研究的基础上，建立地震孕育、发生和发展的物理和数学模型，对中期和长期地震危险趋势做出定量化的预测；开展地震前兆机理研究，探索短期与临震预测理论和新方法。

地震预测研究所还负责开展防震减灾类观测专用设备的研制工作，承担地壳运动观测网络数据中心的维护与运转、数据分析处理、质量监控和数据服务工作。

中国地震局地球物理研究所

中国地震局地球物理研究所，其历史可追溯到 1930 年由中国人自己建立的第一个地震台——北京西郊鹫峰地震台，目前研究所已经纳入公益性科研院所系列，是中国地震局直属单位。地球物理研究所进行地震学、地球内部物理学、地磁学和工程地震学四个主要学科的研究工作。

地球物理研究所设有可以获取首都圈地区全部地震台网数据的北京数字地震台网中心，研究所内的中美合作中国数字地震台网（CDSN）为全球地震台网（GSN）重要组成部分，能实时获取全球地震数据。研究所建立了地震信息节点，具有大规模科学计算和大型磁盘阵列数据存储能力。研究所拥有先进的地震深部探测设备系统和宽频带流动地震观测设备，在青藏高原等地球科学热点地区开展了多项重大国际合作科学探测项目。

地球物理研究所拥有国内先进的零磁空间实验室、标准低频震动计量实验室、地震电磁关系模拟和岩石磁学实验室，以及高温高压震源物理实验室。依托这些完备的基础科研条件，研究所在地震孕育与发生机制、地震灾害预测与工程应用领域，开展了地球物理学相关的基础研究和应用研究。

另外，地球物理研究所还是很多国际地震委员会中国机构的所在地，中国地震学会、全国地震标准化技术委员会秘书处等组织也设在研究所。

中国地震灾害防御中心

中国地震灾害防御中心，成立于 2006 年 9 月 28 日，是由原中国地震局地震工程研究中心、中国地震局地球所仪器厂、中国地震局宣教中心及北京香山地震综合实验台等 4 个单位（部门）为主整合组建。中国地震灾害防御中心是国家地震灾害防御体系建设的技术支撑、条件保障和队伍培训机构。

中国地震灾害防御中心承担全国地震灾害防御工作发展规划的调研，负责全国地震灾害防御业务的牵头及技术指导工作；承担震灾预防重大工程项目的建议书、可行性研究报告、设计的编制和项目实施工作；承担防震减灾法规及技术标准编制工作；承担地震安全性评价技术标准的编制、推广与应用工作。

中国地震灾害防御中心负责注册地震安全性评价工程师继续教育及技术指导工作；承担地震计量标准检定工作；承担大中城市及重点监视防御区地震构造调查、基础探测工作；承担大中城市和民居抗震能力评价和重大工程地震预警工作；承担震害防御相关的科学研究及技术研发工作和国际合作项目。另外，中国地震灾害防御中心还参与制订全国防震减灾科学普及、宣传教育规划及计划，参与策划和实施全国性重大宣传活动，负责科普宣传及创作活动的协调指导和培训，指导科普基地建设工作。

中国地震台网中心

中国地震台网中心成立于 2004 年 10 月 18 日，是由原中国地震局地震信息中心、中国地震局地震预测研究所技术部及预报部、中国地震局地球物理研究所九室、中国地震局地质研究所前兆信息等 4 个单位（部门）为主整合组建。中国地震台网中心是我国防震减灾工作的重要业务枢纽、核心技术平台和基础信息国际交流的重要窗口。

中国地震台网中心承担着全国地震监测、地震中短期预测和地震速报；国务院抗震救灾指挥部应急响应和指挥决策技术系统的建设和运行；全国各级地震台网的业务指导和管理；各类地震监测数据的汇集、处理与服务；地震信息网络和通讯服务以及地震科技情报研究与地震科技期刊管理等。

中国地震台网中心承担震情值班、灾情速报和地震快速反应工作，形成应急触发、指挥系统启动、灾情收集一条龙工作模式；承担国务院抗震救灾指挥部技术系统和地震速报技术系统维护和运行，大震应急与指挥决策的技术支持；承担国务院抗震救灾指挥部地震应急的基础数据收集、整理与入库。

中国地震台网中心负责国外 7 级、我国周边地区 6 级和国内 5 级以上地震、首都圈有感地震的速报和首都圈强震烈度速报；承担全国各类地震台网业务协调、技术指导和服务；承担观测资料质量监控和技术牵头工作；承担国家地震台网设计、技术改造与技术管理；承担中国全球地震台网设计、建设、技术改造与技术管理；负责国家数字地震台网中心和首都圈台网中心技术系统的运行与维护；负责全国各类测震台网数据汇集、分类、入库与服务；负责全国地震资料的分析处理与地震目录、观测报告的编制；负责全国地震资料和首都圈资料的分析处理与地震目录、观测报告的编制；负责观测数据管理、数据共享服务、数据产品网络发布及国际资料交换；开展数字地震观测技术、台网（台阵）技术、数字地震资料解释与地震信息处理技术的应用研究与开发。

中国地震台网中心负责全国地壳形变、电磁、地下流体资料的汇集、分析处理、分类、入库与服务；负责重大前兆异常落实工作；负责地震前兆台网中心技术系统的运行与维护；负责观测数据管理、数据共享服务、数据产品网络发布及国际资料交换；负责全国地震科技文献资源的收集、整理、集成和共享。

中国地震学会

中国地震学会是由我国从事地震科技研究和参与我国防震减灾事业的科技工作者自愿结成的、依法登记成立的、具有法人资格的、公益性的、全国性的学术团体，成立于 1979 年 11 月 21 日。中国地震学会是发展我国地震科技事业的一支重要社会力量，是中国科学技术协会的组成部分。

中国地震学会通过开展地震科学技术的学术交流和讨论，推动了地震科学技术的繁荣和发展，在发掘和培养优秀青年科技人才、普及地震科学技术知识等方面，充分发挥了在技术政策、法规制定和重大决策中的科技咨询作用，为防震减灾事业做出了贡献。

中国地震学会围绕地震科技和防震减灾开展学术交流活动，组织学术讨论会、报告会和各种讲座以及科学考察等活动；编辑出版《地震学报》等学术刊物、科技教材、科技音像制品、科普宣传等资料；开展防震减灾科学普及活动，宣传地震科学技术经验，推广地震科学技术成果，举办有关科技展览；开展国际学术交流活动，同国外地震科学技术团体和科技工作者交往与合作。

中国地震学会可以对国家政策制定和国民经济建设发挥一定的科技咨询作用，通过对会员防震减灾工作建议和意见的收集与上报，保证科技工作者的意见和呼声在政策制定中起到参考作用。

全球地震台网

全球地震台网（Global Seismographic Network，简称 GSN），是一个由美国地质调查局国家地震信息中心（USGS）和美国地震学联合研究会（IRIS）合作成立的地震研究机构，这个机构致力于与国际社会一道进行用于地球观察、监测、研究和教育等多用途的科学设备的安装和运行维护。全球地震台网由 150 多个放置在全球各地的地震监测器构成，这些监测器能实时记录地震，然后将数据传送到人造卫星或输送到网络。最后，这些数据会汇集到一个地震活动数据库，对这些数据进行集中分析，进而总结地震发生前表现出来的趋势和模式。

全球地震台网设置在全球各地的地震检测器，可以高保真地测量和记录地震发生的情况，包括高频度的强烈地震到由这样的地震所引起的周围发生的地震和余震。全球地震台网监测点的设立主要是为了地震学的研究，但这些检测设备对于其他学科的研究也有帮助，并且其应用有延伸到其他学科的趋势。很多地震台网的监测站同时也用于气压、气候等气候情况的监测和记录。

美国国家地震监测台网系统

美国国家地震监测台网系统（Advanced National Seismic System，简称 ANSS）是美国地震观测台网建设的重要组成部分，它是一个由 7000 个左右布设在地面和建筑物内的振动测量系统组成的全国性的观测网络。美国国家地震监测台网系统提供给个人实时地震信息以备地震应急响应；提供给工程师关于建筑物和场地效应信息；提供给科学家高质量的地震数据来更好地了解地震过程、固体地球结构及动力学过程。

ANSS 致力于建立和维持一个贯穿全美国的高质量的现代化地震观测网络。收集关键技术数据，提供有效的信息产品和服务；持续记录和分析地震数据，以及时提供可靠的地震信息和其他地震扰动信息；连续监测美国国内的地震，以及其他地震扰动，如地震造成的海啸、火山爆发等；全面的测量场地，以及建筑物和关键建筑结构的强地震震动，力量集中在城市及靠近活断层的地区，当地震发生时，对于离震中一段距离的地区，可能的话在强震到达几秒钟前给出警告，对海啸和火山爆发自动给出警报。

日本地震研究部门

日本的地震管理机构为日本国土交通省气象厅地震火山部，其下设置了地震海啸监测科和地震预测情报科两个科所，对地震进行监测并负责发布地震预报信息。日本的地震研究机构主要为设置在各大学里的地震研究所，其中东京大学地震研究所和京都大学地震预测研究所在地震研究方面比较有影响力。

东京大学地震研究所致力于探索地震火山运动的成因，并在减小地震灾害上做全面的研究工作。在基础研究中，通过对重力场变化研究、地壳形变观测和卫星监测等新技术手段的充分运用，以及关于地震与潮汐现象的联系，来研究地震的产生机理；在地震预报上，通过与其他国际组织合作，依托于地震监测仪器的记录，来做出地震的预测预报工作。京都大学地震预测研究所是于 1990 年 6 月整合了多个地震研究部门而成立的，研究所作为地球科学的研究基地，在地球科学的基础研究和地震预测预报方面注意与其他研究机构密切合作，在阐明地震发生机制、建立地震预测技术系统、减小地震灾害损失上做出了许多贡献。研究所设立的观测站，重新安装了许多地震灾害监测的仪器，在地震监测方面发挥着比较重要的作用。

4. 地震的监测与防范

地震监测是指在地震来临之前，对地震活动、地震前兆异常的监视、测量。目前地震监测主要有几种划分方法，一种是专业与群众之分，指专业的地震台站和一些群测点，前者主要用监测仪器，如水位仪、F 地震仪、电磁波测量仪等，用来监测地震微观前兆信息；后者则主要靠浅水井、水温、动植物活动异常等手段，来观察地震前的宏观异常现象。

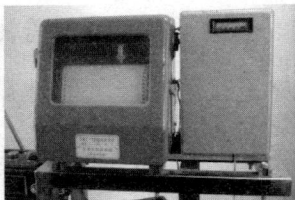

水位仪

地 震 台 网

地震台网的建立，为地震的监测提供了方便。根据用途的不同，地震台网可以分为固定台网和流动台网；根据监测范围大小的区别，地震台网则分为全球性的地震台网、国家性的地震台网、区域性的地震台网、地方性的地震台网等。

用于长期监测某一特定地区的地震活动情况，由若干个建立在固定地点的地震台和一个负责业务管理和资料处理职能的部门组成的地震台网称为固定台网。为了地震学和地震预报研究的需要，或在某处发生强震后，为监视震区及邻区的余震活动情况，临时架设了由若干个地震台和一个资料处理中心的地震台网，一旦已取得一批有用的记录或余震活动已趋于平静就将台网撤离，这类台网称为流动台网。

用于监测全球地震活动性的地震台网，其尺度几乎跨越全球。典型的是美国在 60 年代初建立的世界标准地震台网（WWSSN）。该台网由 100 余个分布在全球的地震台和设在美国本土的业务管理部门组成。在我国由 24 个基准地震台组成的国家级地震台网，其尺度跨越全国，用于监测全国的基本地震活动情况。为了监测省内及邻省交界地区的地震活动性，我国绝大多数省份均已建成由十余个至数十个地震台组成的区域地震台网。跨度一般约为数百千米。

上述的全球的、国家的、区域的和地方的地震台网，在业务上对地震台作统一管理，处理地震台产出的地震数据和资料，其结果将远比单台处理的精度高。因此这些台网都有一个起组网作用的管理和数据处理中心。该机构的主要职能是对各台进行业务指导、设备维修、技术管理；汇总、分析和处理各台邮寄来的数据和资料；定期或不定期出版、发行和交换处理后的地震目录、地震观测报告和各种印刷物，供地震学家们研究使用。

随着地震学和地震预报研究以及大震后快速响应等工作的进一步开展，对地震观测工作提出了愈来愈高的要求，许多国家都建立了许多不同尺度的遥测地震台网。这类台网将分散的各地震台上地震信号，使用各种数据传输方法实时传输至记录处理中心。计算机组成的数据系统作快速的集中处理，并以电信号的形式存储所有的地震信号和处理结果，供日后再处理用。一些已建成的遥测台网，因尺度不大，对发生在周边的地震，处理结果有时不十分理想。为此将在地域上靠近的多个遥测台网用各种数据传输手段联网，相互交换地震信号或处理结果，就可将发生在某台网网边的地震变成联网后组成的大台网内的地震。这种方法可在很大程度上提高地震参数的测定精度。

地　震　台　阵[①]

　　一些国家在地震观测中参用了地震勘探中已使用多年的测线法，建立了一些地震台阵来提高远震的检测和定位能力。早期地震台阵中的地震计是按规则几何图形在空间布设的。当各点的干扰不相关的情况下，把每个地震计输出的地震信号延时组合后，其输出信号的信噪比可比单台输出的高。随着观测研究工作的深入发展，发现只要在地质构造均匀地区，不按规则几何图形布设的地震计输出的远震信号，在初动到达后一小段时间内其形态大体相同，这为用台阵数据处理方法处理普通台网的输出信号提供了基础。瑞典地震学家巴特利用现成的瑞典地震台网的信号延时组合后，使输出信号的信噪比[②]比单台信号提高了两倍，从而改善了读数的准确度，增强了方向识别水平，震源方向的测定精度也有所提高。

我国的地震监测体系

　　我国地震监测预报工作在建国后逐步向科学化、规范化、现代

---

　　①　地震台阵是根据研究目的，在一定研究区，按某一规则（十字形、图形、方形等）布设的一组地震仪。按工作性质可分为固定地震台阵、流动地震台阵；按控制范围可分为大、中、小孔径地震台阵。

　　②　信噪比又称讯噪比，狭义来讲是指放大器的输出信号的电压与同时输出的噪声电压的比，常常用分贝表比。设备的信噪比越高，表明它产生的杂音越少。

化、数字化和自动化方向发展。我国地震监测预报、震灾防治和紧急救援三大工作体系已经建立，并实现了地震观测技术由模拟向数字化的换代，使地震检测预报能力和水平跃上新台阶。如今，全国采用数字化仪器观测到的数据，实时或准实时传到北京，有效地监视着地下构造活动，这对我国的地震监测和防范工作意义重大。

我国的数字化地震监测仪器

在新的科学技术手段不断使用的同时，也有学者指出我国传统的地震预报理论和方法不能丢，尤其是那些被实践证明有效的方法，群测群防的地震监测和防范方法重新得到重视。在较大地震发生前，出现宏观现象的电磁异常就是一个明显的例子。1970 年 1 月 5 日，云南通海 7.8 级地震发生前，正在收听广播的人们发现收音机的信号受到了强烈干扰，在地震发生前几分钟更是信号完全中断。

另外，在地震发生前井水冒泡、喷砂等反常现象，各种动物在震前的奇怪表现，都可能是地震发生的前兆宏观现象；尤其是地光、地声的出现，更可能是临震的最后警报。除了这些普通人都可以进行的观测外，有些"土专家"也有自己的地震预测方法，有的民间人士就通过对地震云的长期观测积累了一些经验，但地震云的出现与地震发生的关联本身还不是很清楚，且对于地震发生地点和时间的难以确定，民间人士对地震的监测方法还有待深入进行研究和规范。

国家层面的地震监测和防范，与民间人士的努力两相结合，一起为我国的地震监测和防范提供帮助。通过对两者力量的整合，尽量提高地震监测和防范的水平，减小人民群众的生命和财产损失，这是我国地震监测和防范工作应该坚持的方向。

5. 地震可以提前预报吗？

俗话说"上天容易入地难"，在快速进步的科技推动下，人类已经把触角伸向了太空，人造卫星、探月火箭、火星探测器，再加上人类从地球上通过天文望远镜对太空进行观测，可以说，人类在太空的探索上已经走得很远了；然而，对于自己脚下的地球，人类所知却依然有限。地震孕育在地表以下十几千米到几十千米的深度，目前人类最大的探测深度只达到距地表 10 千米多，并且探测数据的积累也非常有限，因此距离探知明白地震成因、甚至准确预报地震还有一段很长的路要走。

地震预测与地震预报

其实，我们平时所说的地震预报是很含糊的，它可以区分为地震预测和地震预报两个密切相连的环节。地震预测是根据所认识的地震发生规律，用科学方法对未来地震发生的时间、地点和强度做预先估计。地震预报则是在具备一定可靠程度的前提下，由权威部门把地震预测的意见向公众宣布，有实用价值的地震预报必须同时报出时间、地点和强度。

地震预测是第二次世界大战结束以后才开始开展的探索性研究项目，特别是中、短期或临震前的预测至今还处于探索阶段，远没有到可以实用的程度。地震预测的科学前提，是认识地震孕育和发生的物理过程，包括地球介质物理、力学性质的异常变化。但人类对地震成因和地震发生的规律还知之甚少，主要是因为地震是宏观自然界中大规模的深层变动过程，其影响因素过于复杂，有众多未知因素存在。人们所能做的，是在地面上观测某些物理量如地震波等，但这种观测通常是非常不完善的；在地表所能观测到的物理量异常变化，是否与地震的发生真正相关往往不能确定。这就是地震预测研究进展缓慢的真实原因。

地震预测可以从地质结构上判断地震。地震发生在地壳中上层，研究已发生的大地震的地质构造特点，应有助于今后判定何处具备发生大地震的地质背景。但有些地震发生前，其地质构造往往不明朗，震后才发现有某个断层，才认为与地震有关。地震预测还可以从统计概率中推算地震。对过去已发生的地震，运用统计方法，从中发现地震发生的规律，特别是时间序列的规律，根据过去以推测未来。此法把地震问题归结为数学问题，因需要对大量地震资料作统计，研究的区域往往过大，所以判定地震的地点有困难，而且概率推算很难准确。再就是从地震前兆的各种异象来预测地震。观测地球物理场的各种参数，以及地下水甚至某些动植物等的异常变化

（可称为"异象"），可能找到有用的地震前兆。前兆研究中的最大困难是，观测中常遇到各种天然的和人为的干扰，而所谓的前兆与地震的对应往往是经验性的，还没有找到一种普遍适用的可靠前兆。

无论是根据地质结构判断地震，还是从概率的角度或从地震前兆来预测地震，都不能完全有效地解决地震预测的问题。实际采取的是综合的办法，把几种思路所得数据放在一起对比参照，努力对未来的地震活动做出估计。由此可见，预测地震绝不是常人想象的那么简单。只有能够做到时间、地点和震级的准确，预测才是有实用性的。而只有在这种预测基础上，政府权威部门才会向公众发出地震预报以及时避险。

目前在世界上，地震预测仍然是一个难题。许多国家能够做到全天候地观测地层变化情况或避开地震高发地带。如在美国加州，随时可以从网上查到加州每天24小时内发生地震的概率；日本则有一个频道实时公布地震实况，让公众根据具体情况，自行采取相应防范措施。但这些只是根据地球内部地震波的活动，来推测出微小地震的发生概率。而完全准确地预测出重大破坏性地震，目前仍然做不到。

民间人士的有益探索

在地震的预测和预报方面，民间人士也进行了一些有益的探索。民间有这样一句谚语："上看天，下着地，天地变化有联系。"在地震发生前，由于地应力的积累加强和集中释放，导致地球内部释放出大量的粒子流和热电流，这些物质进入大气后附着于大气粒子上，成为大气中的凝结核心，并在地磁场的作用下发生运动，引起天气的异常变化，如久旱逢雨、久雨忽晴、暴风大雪、酷冷酷热等，所以有民间人士据此预测地震即将发生。

民间人士中对地震云进行长期观察和研究，进而预测地震的比较多。20 世纪 60 年代，日本地震专家健田忠三郎提出了用地震云可以预报地震的观点，认为在地震发生前地球内部集聚了巨大的能量促使地热升高，空气升温，成为上升气流，并以同心圆状扩散到同温层，在 1000 米高层形成细长的稻草绳状的云带，但这种说法却遭到了气象地震研究专家的质疑。我国学者吕大炯提出了这样的解释：地震云可能出现在震中区上空，也可能出现在那些远离震中区而应力集中的断裂带上空。当这些应力集中的断裂带受到远处震中区传递来的应力时，应力集中加剧。强应力作用使岩石挤压摩擦，造成热量增加，地下热流通过断裂带不断逸出地面，并上升到高空，形成条带状地震云。另外，地热也可以通过辐射的方式来加热断裂带上空的各种微粒而使大气升温，导致条带状地震云的产生。辐射状地震云则是由于震中处于某些应力高度集中的断裂带交汇处，应力随距离而衰减，焦点即对应震中的位置。

民间人士通过对地震云的观察，来对地震发生的时间和地点进行预测。有人认为，地震云持续时间越长，对应的震中就越近；地震云的长度越长，则距离地震发生的时间越短；地震云的颜色越恐怖，则对应的地震强度就越强。也有人认为，地震云越高，震中越远；地震云越低，震中越近。也有人根据地震云的形状、颜色、大小来确定地震发生地点的远近、震级大小，发震时间的远近。这些研究有一些成功的例子，但也并不是一定准确。

民间人士通过对地震前兆现象的观察和研究来预测地震，这样做有其合理的一面，但地震的发生与这些现象之间究竟有着怎样的联系，目前还不完全清楚。因此，就民间人士在地震预测预报方面所进行的努力，我们还不能确定其效果。

我国对地震预报意见实行统一发布制度

针对目前出现的国家地震部门和民间人士在地震预测上的现状，有观点认为应该加强对它们的整合。无论是国家地震部门，还是民间力量都各有其优势和劣势。国家地震部门，在科技力量与政府的关系上都比较容易理顺，人员稳定，有严格的组织与纪律，有先进的地震科学仪器；缺点在于灵活性不足，可能出现沟通不畅而延误预报时机之类的问题，另外人手有限也是一个问题。民间的研究力量和群众防震组织在地震研究和预报上的优势在于人员众多且分布广泛，这在特别是不需要高精尖仪器也能够观察到的震前现象方面特别有用，在地震研究和预报上会有一些创新观点，受束缚较少；劣势在于没有严格的组织与纪律，缺少先进的地震科学仪器，与政府等相关部门沟通上容易受阻，对可能引起恐慌的预报不够慎重等。国家地震部门和民间研究力量之间的作用是不能互相替代的，且存在一种优势互补的关系。因此，通过对国家地震部门和民间力量的整合，发掘出行之有效的地震预测的工作方法，权威的地震预报由专门的机构进行发布，是我们始终要坚持的原则。

我们国家对地震预报意见实行统一发布制度。全国范围内的地震长期和中期预报意见，由国务院发布；省、自治区、直辖市行政区域内的地震预报意见，由省、自治区、直辖市人民政府按照国务院规定的程序及时发布。除发表本人或者本单位对长期、中期地震活动趋势的研究成果及进行相关学术交流外，任何单位和个人不得向社会散布地震预测意见；任何单位和个人不得向社会散布地震预报意见及其评审结果。

国务院地震工作主管部门和县级以上地方人民政府负责管理地震工作的部门或者机构，根据地震监测信息研究结果，对可能发生地震的地点、时间和震级做出预测；其他单位和个人通过研究提出的地震预测意见，应当向所在地或者所预测地的县级以上地方人民政府负责管理地震工作的部门或者机构书面报告，或者直接向国务院地震工作主管部门书面报告。收到书面报告的部门或者机构应当进行登记并出具接收凭证。

观测到可能与地震有关的异常现象的单位和个人，可以向所在地县级以上地方人民政府负责管理地震工作的部门或者机构报告，也可以直接向国务院地震工作主管部门报告。国务院地震工作主管部门和县级以上地方人民政府负责管理地震工作的部门或者机构接到报告后，应当进行登记并及时组织调查核实。

第七章
地震避灾救险攻略

地震强大的破坏性和灾害性使人类谈之色变，既然地震很复杂，一时还难以对其进行准确预报，何不寻求避灾救险攻略，直面地震。做好日常生活中的防范准备，全面学习避震知识，规避错误避震方法，这些都是我们赢得战斗的有力武器。无论你身在何处，无论你正在做什么，地震随时可能来临，你知道该如何应战吗？

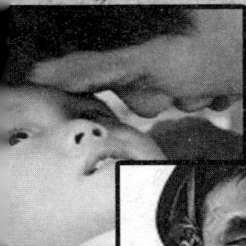

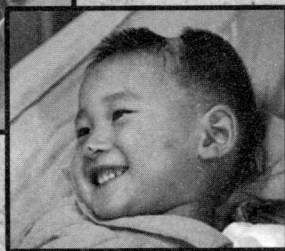

1. 日常防震准备

俗话说，不打无准备之仗。要想赢得与地震之间战斗的胜利，更是如此。检查房屋建筑质量，充分做好应急物品的准备，及时排除隐患等，都将是获得救生机会的致胜"兵法"。

检查房子的抗震性

汶川大地震这场巨大的灾难所造成的严重伤亡，再次引发了人们对于自己日夜栖身的各种建筑抗震性的关注。地震专家对历次地震的分析显示，人员伤亡总数的95%以上是由房屋倒塌造成的，仅有不足5%的人员伤亡是直接由地震及地震引发的水灾、山体滑坡等次生灾害导致的。

仔细检查房屋各方面情况，或请专家进行评估，确定其抗震状况和使用寿命，并采取必要的措施对其进行加固和维修，对于减少地震造成的伤亡是很有必要的。检查时如发现大裂缝应请专业人员加以检视或维修；对不牢固的地方进行加固，长久失修的房子更要提高警惕；一定不能任意违法加盖，或拆除墙、柱、梁、板，以免破坏房屋结构，降低房屋的抗震性能。

事实上，我们生活中所居住的房屋，由于高度和用途以及建筑时间的不同，造成了结构的不同，同时也决定了房屋的抗震能力也不尽相同。房屋结构与抗震度的关系可用下表予以说明。

房屋结构	抗震度	特点	应用及说明
钢结构	★★★★★	以钢材为主要结构材料。钢材的特点是强度高、重量轻。同时由于钢材料的匀质性和强韧性,可有较大变形,能很好地承受动力荷载,具有很好的抗震能力。	由于钢结构建筑的造价相对较高,目前应用不是非常普遍。一般的超高层建筑(100米以上)或者跨度较大的建筑通常应用钢结构。
剪力墙结构	★★★★	用钢筋混凝土墙板来承担各类荷载引起的内力,并能有效控制结构的水平力,这种用剪力墙来承受竖向和水平力的结构称为剪力墙结构。	在高层(10层及10层以上的居住建筑或高度超过24米的建筑)房屋中被大量运用。
框架结构	★★★	由钢筋混凝土浇灌成的承重梁柱组成骨架,再用空心砖或预制的加气混凝土、陶粒等轻质板材作隔墙分户装配而成。墙主要是起围护和隔离的作用,由于墙体不承重,所以可由各种轻质材料制成。	框架结构在现代建筑设计中应用较为普遍,我们所见的大多数建筑都是框架结构。框架结构中,还有一种框剪结构,又名框架—剪力墙结构,它是框架结构和剪力墙结构两种体系的结合,吸取了各自的长处,既能为建筑平面布置提供较大的使用空间,又具有良好的抗力性能。这种结构的住房有很好的抗震性。
砖混结构	★★	砖混结构中的"砖",是指一种统一尺寸的建筑材料,也包括其他尺寸的异型黏土砖、空心砖等。"混"是指由钢筋、水泥、沙石、水按一定比例配制的钢筋混凝土配料,包括楼板、过梁、楼梯、阳台。这些配件与砖做的承重墙相结合,所以称为砖混结构。	砖混结构一般应用在多层或者跨度不大的建筑,但由于砖混结构的房屋格局死板,墙面不能改动,加之这些年框架结构以及剪力墙结构应用得越来越普遍,在城市建设中已经很少应用砖混结构,目前我国只有城郊的一些建筑中还是砖混结构。砖混结构住宅一般以多层(24米以下,住宅10层以下)住宅为主,其抗震性能比起上述三者相对弱一些。

此外还要注意一点的是，在装修中砸掉承重墙是极其危险的做法。专家介绍，一般情况下，如果一楼的居民将承重墙大面积拆除，将导致该楼的抗震性能减弱，使其负荷应力出现异常，如果此时发生八级地震，楼体很可能会发生整体坍塌。另外，承重墙也不能随意凿洞，这也有损于房屋的抗震性。一般成人的一拳厚也就是10厘米的薄墙不是承重墙，如有需要可以进行适当改造，但是对于20厘米的厚墙，是绝对不允许改造的，有的人从墙的外表无法判断剪力墙和砖混墙，专家提示，如果在砸墙过程中看到墙体里面有钢筋就说明这面墙是剪力墙，是不允许改动的。另外，有的人为了室内美观，把钢筋锯断的做法是极为不正确的。

家庭防震应急百宝箱

（1）食物

储备大约5日左右的饮水和粮食。选择食品应注意三点：能够长期储存、能够入口即食、体积小且能量高。储备食物要以能量高、易储藏、保质期长、不易腐败的食物为主。首选饼干、巧克力、方便面、火腿肠、坚果、糖果等食物；面包、馒头、蛋糕由于水分活度高一些，因此储藏时间较短，但也可列为备选食物。

此时，不应过多考虑它的维生素C有多少，纤维有多高，保健因子多么丰富，是否有利于控制体重等等。便于打开，能够即刻食用，供应能量，补充体能，才是第一位的要求。所以，方便面、馒块、罐头八宝粥、各种饼干、谷物脆片、巧克力、水果干之类都是比较好的选择。蜜饯、包装豆腐干、奶片、坚果等能够提供更多的矿物质，是甜味食物的良好补充。假如再备点复合维生素，当然更好，因为人在高度紧张恐惧时，水溶性维生素的消耗量会大大上升，及时补充可以帮助维持体能。

关于食物的存放地点：现在大多百姓住的是楼房，而洗手间、厨房、储物间等房屋跨度小、安全系数高的地方是公认的躲避灾害较好的地方。出现地震时再寻找、搬运食物显然是不可取的。因此，储备的食物可直接放在事先选择好的家人进入最方便的"避难间"，以防万一。另外，进入避难间的第一件事应是切断电闸，关掉煤气！切记避难间并非保险箱，它只是相比别的房间稍安全些，只能暂时躲避灾害，储存食物也只是以防万一，而非长时间躲在里面。震后若能撤离则应迅速撤离到就近的开阔地带避震，以防强余震。

（2）工具

选择工具时，应尽量选择那些在地震中能帮助我们避震和自救逃生的工具，有了它们，我们的自救之路才会更加畅通。主要有：

①手电筒：地震发生后，停电是难免的，而手电筒却可以照亮我们的逃生之路。

②火柴或打火机：火，无论是对人类的进化，还是野外生存都起着举足轻重的作用；对于地震时的自救也是必不可少的。火，既可以为我们赶走黑暗和潮湿，又可以为我们提供热能，火对于地震

逃生时的我们意义重大。

③蜡烛：延续光亮和火种的工具。

④铁锥或斧头：往往有很多障碍物横亘在我们的逃生路上，有了铁锥或斧子，清除障碍物就有了可能。

⑤收音机：地震时电视机的接收线路极有可能中断，而调频收音机则不受其影响，有了收音机就可以收听到外界的讯息，为下一步的行动提供指导和参考。

⑥结实的绳索：对于住楼上的人来说，当通道阻塞，无路可走时，绳子可以成为另一条逃生之路，是重回平地的良策。

（3）急救药品箱

急救药品箱主要包括：

①酒精棉：急救前用来给双手或钳子等工具消毒。

②手套、口罩：可以防止施救者被感染。

③0.9%的生理盐水：用来清洗伤口。

基于卫生要求，生理盐水最好选择独立的小包装或中型瓶装的。需要注意的是，开封后用剩的应该扔掉，不要再放进急救箱。如果没有，可用未开封的蒸馏水或矿泉水代替。

④消毒纱布和绷带：消毒纱布用来覆盖伤口。它既不像棉花一样有可能将棉丝留在伤口上，移开时，也不会牵动伤口；绷带具有弹性，用来包扎伤口，不会妨碍血液循环。2寸的适合手部，3寸的适合脚部。

⑤三角巾：又叫三角绷带，具多种用途，可承托受伤的上肢、

固定敷料或骨折处等。

⑥安全扣针：固定三角巾或绷带。

⑦胶布和创可贴：纸胶布可以固定纱布，由于不刺激皮肤，适合一般人使用；氧化锌胶布则可以固定绷带；创可贴覆盖小伤口时用。

⑧保鲜纸：利用它不会紧贴伤口的特性，在送医院前包裹烧伤、烫伤部位。

⑨袋装面罩或人工呼吸面膜：施以人工呼吸时，防止感染。

⑩圆头剪刀、钳子：圆头剪刀比较安全，可用来剪开胶布或绷带。必要时，也可用来剪开衣物。钳子可代替双手持敷料，或者钳去伤口上的污物等。

⑪冰袋：置于淤伤、肌肉拉伤或关节扭伤的部位，令微血管收缩，可帮助减少肿胀。流鼻血时，置于伤者额部，能帮助止血。

另外，药箱应根据家庭成员的年龄、健康状况、季节来配备：春天备些抗过敏药，夏季备些中暑及防蚊虫叮咬药，秋天备些止泻药，冬季备些防治感冒、哮喘、胃病的药品。药箱中还应该有一些常用的小器械，如血压计、听诊器、体温计等。

（4）特殊人群的特殊用品

有婴儿或幼儿的家庭，要准备好婴儿用的尿布、奶粉、散席子等其他小孩子用品；有老人的家庭要准备老人所需药品。家中成员患有特殊疾病的，应备有适量的药物及其他所需物品。总之，要根据自己家庭成员的不同需求进行储备。

室内隐患大扫除

经常发生破坏性地震的地区，特别是人民政府正式发布了地震预报的地区，每个家庭都应在当地政府和有关部门的指导下，对室内进行全面的检查和整理，认认真真地做好家庭防御准备。

破坏性地震发生时，往往会因居室内大型家具倾倒，重物从高处下落而造成伤亡。唐山大地震中，就有儿童被大衣柜挤压而死的事例。为消除居室内的隐患，应做到：

①把墙壁上、屋顶上装饰、悬挂的重物取下，或设法固定。以免震时重物从高处滑下伤人，或挡住逃跑路线。

②高大沉重的衣柜、书橱应设法固定在墙壁或地上，增加稳定性，减小滑动；或将里面的重物放在最底层，降低重心。因为地震发生时，书柜橱柜里的物品也可能掉出来伤人。

③床的位置应尽量避开外墙、房梁；床的正上方不要悬挂吊灯等重物；床下尽量不要放东西；必要时可在床上加设抗震架。

④要妥善处理煤气罐、酒精、汽油等易燃、易爆和有毒物品。定期检查瓦斯、电线管路，瓦斯桶应予固定。

⑤平时应将居民楼道等逃生通道内的杂物清理干净，以备紧急避震时用。现在很多居民住宅楼的楼道里和出口处都堆放了一些物品，尤其是晚上在一楼出口还停满了自行车。这无论从防火还是防震的角度看，都是不合适的，都将影响人们及时、安全地

撤离。

家庭内可能的隐患很多，大家应该根据各自的情况，认真全面地进行检查，尽量考虑得周到一些。

制定"家庭地震应急计划"

为防止家庭成员在地震发生时行动慌乱，可以事先拟定一个"家庭地震应急计划"。计划应明确规定每一名家庭成员在地震时应该做的事项。由于地震发生于瞬间，规定的内容不宜过多。计划内容应包括：

①紧急情况下迅速撤离的通道。

②紧急情况下可供躲避的小开间、坚实家具及每个人躲避的位置。

③每个家庭成员在紧急躲避时应带的物品，儿童应确定专人负责。

④明确紧急关闭电器、煤气的责任人。

⑤根据各个家庭的实际情况增减。

为使"家庭地震应急计划"记得牢、做得到，不妨搞一两次家庭避震演习，全家一起演练一下，既增加了家庭团结抗震的决心，也可以及时发现和弥补计划中的漏洞。经常举行避难演习，进行情景模拟，演习不同情况下的避震逃生方法，以防地震时惊慌失措。

发生大地震时，可以预计在广大区域造成巨大灾害。在这种情况下，消防车、救护车不可能随叫随到。所以，有必要从平时起通过街道等组织，与当地居民进行交流，建立起应付发生火灾、伤员时的互助协作体制。

2. 不同地点的紧急避震法

室内紧急避震

在震中及其附近地区，从地震发生到房屋倒塌，一般有 12 秒钟左右的时间，作为个人，应当保持冷静，在 12 秒内作出正确躲藏的抉择。当地震袭来时，从你意识到"这是一次地震"到你完全被地震控制之间，尚有十几秒钟的时间，应利用这宝贵的十几秒钟，尽快躲到最近的安全的地方。

在地震过程中，"保持镇静"和"避免惊慌"是成功避震的必要条件。强烈地震发生时，人们受异常心理的驱使，会茫然若失，条件反射地采取本能行动，即恐慌和乱跑。这种本能行动必须加以自控，收效最大的方法就是：保持镇静，就地避震！

由于室内物品较多，震时极易砸伤人，且房屋也有倒塌的危险，因此室内紧急避震一定要及时、准确。室

保持镇静，就地避震

内避震是跑还是躲，我国多数专家认为：震时就近躲避，震后迅速撤离到安全地方，是应急避震较好的办法。

经过多年来的地震总结，地震后房屋倒塌时在室内形成三角空间，是人们避震的相对安全地点，可称其为避震空间。它包括炕沿下、坚固家具下、内墙墙根、墙角、厨房、厕所、储藏室等开间小的地方。当地震发生时，如果在室内要注意利用它们。此外，震时应顺手将门窗打开，避免因地震变形而无法逃生。

住在楼房的居民，应选择厨房、卫生间等开间小的空间避难；也可躲在内墙跟、墙角、坚固的家具旁等易于形成三角空间的地方，千万不可慌张奔跑；要远离外墙、门窗和阳台；不要用电梯，更不能跳楼。住平房的居民，根据具体情况或选择小开间、坚固家具旁就地躲藏，或者跑出室外空旷地带。

卫生间可形成安全三角空间

同时要紧急关闭所有的火源，包括电源和瓦斯等。

避震时身体应采取的姿势：伏而待定，蹲下或坐下，尽量蜷曲身体，降低身体重心；抓住桌腿等牢固的物体；保护头颈、眼睛，掩住口鼻；避开人流，不要乱挤乱拥，

避震时身体采取的姿势

不要随便点灯火，因为空气中可能有因燃气管线破裂泄漏的易燃易爆气体。

　　需要特别关注的是：如果震时的你正在用火，应遵循摇晃时立即关火，失火时立即灭火的原则。大地震时，仅依赖消防车来灭火是不现实的，要想将地震灾害控制在最小程度，及时的自救显得尤为重要。从平时就养成即便是小的地震也关火的习惯。为了不使火灾酿成大祸，家人及左邻右舍之间互相帮助，厉行早期灭火是极为重要的。

发生地震要及时关火

　　地震的时候，关火的机会有三次。第一次机会在大的晃动来临前的小的晃动之时，在感知小的晃动的瞬间，即刻互相招呼："地震！快关火！"关闭正在使用的取暖炉、煤气炉等；第二次机会在大的晃动停息的时候，在发生大的晃动时去关火，放在煤气炉、取暖炉上面的水壶等滑落下来，那是很危险的，大的晃动停息后，再一次呼喊："关火！关火！"并去关火；第三次机会在着火之后，即便发生失火的情形，在 1 ~ 2 分钟之内，还是可以扑灭的。为了能够迅速灭火，请将灭火器、消防水桶经常放置在离易发生火灾的场所较近的地方。

公共场所避震

公共场所是人员相对较密集的地区，而且我们出现在公共场所的频率又很高，在这种人员众多的环境下，人人都需要避震和逃生，群体的共同避震成为公共场所避震的突出特点。

不要慌乱和拥挤

在百货公司、影剧院、地下街等人员较多的地方，最可怕的不是地震，而是因地震而发生的混乱，由于人员慌乱，商品掉落，可能使避难通道阻塞。所以切记一定不要互相挤压以免造成人员伤亡。

地震时，应躲在近处的大柱子和大商品旁边（避开商品陈列橱），或朝着没有障碍的通道躲避，然后屈身蹲下，等待地震平息。若处于楼上位置，原则上向底层转移为好，鉴于楼梯往往是建筑物抗震的薄弱部位，因此，要看准脱险的合适时机，并依照商店职员、警卫人员的指示来行动。

商场内避震

影院里避震

相比之下，地下街是相对比较安全的。即便发生停电，紧急照明电也会即刻亮起来，请镇静地采取行动。如发生火灾，地下街即刻会充满烟雾，此时应压低身体的姿势避难，并做到绝对不吸烟。

学校避震

如果学校教室为砖平房，地震时坐在离门较近的学生，可迅速从门窗逃出室外。远离门的学生可就地躲在桌椅下面或靠墙根趴下避难。

教室里避震

住在高楼里的学生，地震时千万不要跳楼，也不要到楼梯口拥挤，应迅速躲进走廊等跨度小的空间。同时，大多数学生应就近躲在桌子下面旁边，即使大楼倒塌时也会有生存的空间。待地震过后，在老师的指挥下向教室外面转移。

在教室外面时，选择操场等比较空旷的地方就近避震，双手保护头部。注意避开高大建筑物或危险物，千万不要回到教室去。

千万不要跳楼！

操场上避震

乘电梯时避震

在发生地震、火灾时，不能使用电梯。万一在搭乘电梯时遇到地震，一定不要慌乱，安慰并照顾同困于电梯中的老幼病残孕，大家齐心协力，迅速展开自救。可将操作盘上各楼层的按钮全部按下，电梯一旦停下，迅速离开电梯，确认安全后避难。

高层大厦以及近来的建筑物的电梯，都装有管制运行的装置。地震发生时，会自动运行，停在最近的楼层。万一被关在电梯中无法逃出，可通过电梯中的专用电话与管理室联系、求助。

驾车时避震

发生大地震时，如果你正在驾驶车辆，就会发现汽车的轮胎像泄了气似的，无法把握方向盘，难以驾驶。这时必须充分注意，尽快将汽车停靠路边，躲开立交桥、陡崖、电线杆等，避开十字路口。同时，应注意地震造成的地面开裂、下陷。为了不妨碍避难疏散的人和紧急车辆的通行，车辆要让出道路的中间部分。都市中心地区的绝大部分道路将会全面禁止通行，管制区域禁止行驶。有必要避难时，为不致卷入火灾，请把车窗关好，车钥匙插在车上，不要锁车门，并和当地的人一起行动。

公交车内避震

坐在车内的乘客，有震感时应迅速抓紧附近的座椅、栏杆、扶手等坚固物体，防止因急刹车的惯性作用而摔倒受伤，乘客间要相互鼓励和帮助。充分注意汽车收音机的广播，附近有警察的话，要依照其指示行事。

公交车内抓紧扶手

户 外 避 震

户外紧急避震有六招：就地选择开阔地蹲下或趴下，不要乱跑，不要随便返回室内，避开人多的地方；避开危险场所，如狭窄街道等；避开高耸危险物或悬挂物；避开高大建筑物；避开有玻璃墙的高大建筑；不要停留在过街天桥、立交桥的上面和下面。

另外，危险场所也需紧急避开，如：避开变压器、高压线下，以防触电；迅速远离生产危险品的工厂；远离危险品，易

选择开阔地避震

燃、易爆品仓库等，以防发生意外事故时受到伤害。

避开高压电

避开仓库

野 外 避 震

　　地震发生时，如果你正在野外活动，不要以为自己正身处于空旷的安全地带，应尽量避开山脚、陡崖，以防滚石和滑坡。如遇山崩，要向远离滚石前进方向的两侧跑。

　　避开河边、湖边、海边，以防河岸坍塌而落水，或上游水库坍塌下游涨水，或出现海啸，应迅速向远离海岸线的方向转移，以防地震引起海啸。

　　不要在水坝、堤坝上逗留，以防垮坝或发生洪水。

　　迅速离开桥面或桥下，以防桥梁坍塌时受伤。

3. 警惕次生灾害

　　地震发生后可能引起火灾、毒气污染、细菌污染、放射性污染、滑坡和泥石流、水灾等；沿海地区可能遭受海啸的袭击；冬天发生的地震容易引起冻灾；夏天发生的地震，由于人畜尸体来不及处理及环境条件的恶化，可引起环境污染和瘟疫流行。如果对次生灾害麻痹大意，往往会对我们造成更大的伤害，因此需要我们掌握应对之策，化险为夷。

地震次生火灾

地震引起火灾时，首先要用湿毛巾捂住口鼻，以防止浓烟的熏呛，一时找不到湿毛巾的，可用浸湿的衣物等代替。如果火势较大，环境温度很高，可用水淋湿衣物或用淋湿的棉被裹住身体隔热，并逆风匍匐逃离火场。一旦身上起火，可用在地上打滚的方法灭火。在大火中应尽快脱离火灾现场，脱下燃烧的衣帽，切忌用双手扑打火苗，否则极易使双手烧伤。

火灾中捂住口鼻，匍匐前进

地震引发的滑坡、泥石流

一次强震之后往往发生大量的滑坡和崩塌，滑坡、崩塌为形成大型的泥石流提供了物质来源。泥石流在流动的过程中对河床进行下切，对两岸进行冲刷和刮挖，这样使边坡又失去平衡，产生新的滑坡。这样循环反复，互为新的因果。因而，地震滑坡和泥石流灾害延续时间长，从地震开始，一直延续到次年乃至于数年之内。地震滑坡、泥石流灾害分布广泛，且多发生在人口稀少地区，工程治理困难。

当我们遇到山崩、滑坡、泥石流时，要向垂直于滚石前进的方向跑，切不可顺着滚石方向往山下跑；也可躲在结实的障碍物下，或蹲在沟坎下，要特别注意保护好头部。

避开山石滚落方向

地震引发有害气体泄漏

燃气泄漏时，同火灾时一样，要用湿布护住口鼻，逆风逃离，注意不要使用明火。

燃气泄露捂住口鼻，震后设法转移

毒气泄漏时，如遇到化工厂着火，毒气泄漏，不要向顺风方向跑，要尽量绕到上风方向去，并尽量用湿毛巾捂住口鼻。

毒气泄漏，绕到上风向

4. 震后简单的自救与互救

地震自救小贴士

地震时最不幸的事情莫过于被埋压在废墟下，此时周围往往是一片漆黑，只有极小的空间，这时你一定不要惊慌，要沉着，树立生存的信心，相信一定会有人来救你，要千方百计保护自己。在等待救援的时候，该如何展开自救呢？

保持镇静在地震中十分重要。有人观察到，不少遇难者并非因房屋倒塌而被砸伤或挤压致死，而是由于精神崩溃，失去生存的希望，乱喊、乱叫，在极度恐惧中"扼杀"了自己。这是因为，乱喊乱叫会加速新陈代谢，增加氧的消耗，使体力下降，耐受力降低。同时，大喊大叫必定会吸入大量烟尘，易造成窒息，增加不必要的伤亡。正确态度是，不管在任何恶劣的环境下，都要始终保持镇静，分析所处环境，寻找出路，等待救援。

地震后，往往还有多次余震发生，处境可能继续恶化，为了免遭新的伤害，要尽量改善自己所处的环境。在这种极不利的环境下，首先要保持呼吸畅通，挪开头部、胸部的杂物；闻到煤气、毒气时，用湿衣服等捂住口、鼻；避开身体上方不结实的倒塌物和其他容易引起掉落的物体；扩大和稳定生存空间，用砖块、木棍等支撑残垣断壁，以防余震发生后，环境进一步恶化。

扩大生存空间

在受困的情况下，拨打求助电话，这是最易于操作，也是最易于见效的一种自救方式。这就需要我们牢记一些常用电话号码，在不同情况下拨打相应的求助电话，使自己尽快得到救助。地震时如果我们不幸受困，可以求助110；当地震的次生灾难——火灾发生时，请迅速拨打119；当自己或他人在震中受伤时，拨打急救中心电话120；道路交通事故发生时，拨打122进行报警；发生森林火灾时，拨打森林火警电话95119。

地震发生后，寻求外界的帮助是我们自救的重要内容。如果找不到脱离险境的通道，应尽量保存体力，用石块敲击能发出声响的物体，向外界发出呼救信号；不要哭喊、急躁和盲目行动，这样会大量消耗精力和体力，尽可能控制自己的情绪或闭目休息，等待救援人员到来。如果受伤，要想法包扎，避免流血过多。如果被埋在废墟下的时间比较长，而救援人员未到，或者没有听到呼救信号，要想办法维持自己的生命，防震包内的水和食品一定要节约，尽量寻找食品和饮用水，必要时自己的尿液也能起到解渴的作用。

震后互救要点

震后，外界救灾队伍不可能立即赶到救灾现场，在这种情况下，为使更多被埋压在废墟下的人员获得宝贵的生命，灾区群众应积极投入互救，这是减轻人员伤亡最及时、最有效的办法，也体现了"救人于危难之中"的崇高美德。

抢救时间及时，获救的希望就越大。据有关资料显示，震后20

分钟获救的救活率达 98% 以上，震后 1 小时获救的救活率下降到 63%，震后 2 小时还无法获救的人员中，窒息死亡人数占死亡人数的 58%。他们不是在地震中因建筑物垮塌砸死，而是窒息死亡，如能及时救助，是完全可以获得生命的。唐山大地震中有几十万人被埋压在废墟中，灾区群众通过自救、互救使大部分被埋压人员重新获得生命。由灾区群众参与的互救行动，在整个抗震救灾中起到了无可替代的作用。

（1）震后救人时间要快

埋压在废墟中的人处在生死之间，救得及时，就会大大减少死亡。为争取更多时间，应当先从最近处救起。震后救人，力求时间要快、目标准确、方法恰当、互救队伍不断壮大的原则。具体做法是：先救近处的，不论是家人、邻居，还是陌生人，不要舍近求远；先救容易救的人，这样，可迅速壮大互救队伍；先救青壮年和医务人员，可使他们在救灾中充分发挥作用；先救"生"，后救"人"。唐山地震中一农村妇女，每救一个人，只把其头部露出，避免窒息，接着再去救另一个人，在很短时间内使几十人获救。

脱险后积极投入到救援中

（2）救人的方法

应根据震后环境和条件的实际情况，采取行之有效的施救方法，目的就是将被埋压人员安全地从废墟中救出来。

通过了解、搜寻，确定废墟中有人员埋压后，判断其埋压位置，向废墟中喊话或敲击等方法传递营救信号。

营救过程中，要特别注意埋压人员的安全。一是使用的工具（如铁棒、锄头、棍棒等）不要伤及埋压人员；二是不要破坏了埋压人员所处空间周围的支撑条件，引起新的垮塌，使埋压人员再次遇险；三是应尽快与埋压人员的封闭空间沟通，使新鲜空气流入，挖扒中如尘土太大应喷水降尘，以免埋压者窒息；四是埋压时间较长，一时又难以救出，可设法向埋压者输送饮用水、食品和药品，以维持其生命。

在进行营救行动之前，要有计划、有步骤，哪里该挖，哪里不该挖，哪里该用锄头，哪里该用棍棒，都要有所考虑。过去曾发生过救援人员盲目行动，踩塌被埋压者头上的房盖，砸死被埋人员，因此在营救过程中要有科学的分析和行动，才能收到好的营救效果；盲目行动，往往会给营救对象造成新的伤害。

（3）施救和护理

先将被埋压人员的头部从废墟中暴露出来，清除口鼻内的尘土，以保证其呼吸畅通；对于伤害严重，不能自行离开埋压处的人员，应该设法小心地清除其身上和周围的埋压物，再将被埋压人员抬出废墟，切忌强拉硬拖。

对饥渴、受伤、窒息较严重，埋压时间又较长的人员，救出后要用深色布料蒙上眼睛，避免强光刺激；对伤者，根据受伤轻重，采取包扎或送医疗点抢救治疗。

出血、砸伤和挤压伤是地震中常见的伤害。开放性创伤，如外出血首先应止血并抬高患肢，同时呼救；对开放性骨折，不应作现场复位，以防止组织再度受伤，一般先用清洁纱布覆盖创面，作简单固定后再进行运转；不同部位骨折，应按不同要求进行固定，并参照不同伤势、伤情进行分类、分级，送医院进一步处理。

为伤者处理伤口挤压伤时，应设法尽快解除重压；遇到大面积创伤者，要保持创面清洁，用干净纱布包扎创面；怀疑有破伤风和产气杆菌感染时，应立即与医院联系，及时诊断和治疗；对大面积创伤和严重创伤者，可口服糖盐水，预防休克发生。

知识延展：防震避险顺口溜

地震灾害实难料　平日演练找通道
震前预备应急包　电话手电常用药
小小靠垫保护脑　饮水食品和口哨
地震镇静别慌张　赶快贴紧承重墙
不要靠近玻璃窗　离前电气要关好
平房可以离现场　否则卫生间里藏
应急包要保护好　不忘靠垫保护脑
室外远离电线杆　地下通道立交桥
地铁影院听指挥　有序撤离不乱跑
火车未停车未稳　原地不动不挤跳
驾车速离高速路　空地安全要记牢
遇火趴地身体低　易燃易爆要远离
烟灰毒气不能吸　拧干湿巾捂口鼻
逆风行进别迟疑　地震停止速转移
地震自救互救忙　注意脊柱眼遮上
跑到空地再检伤　清理口鼻防窒息
人工呼吸要跟上　止血包扎不慌张
长期饥饿进流食　精神崩溃防自伤

第八章
地震带来的启示

如果说，地震给我们的启示能让人类将来少经历一些痛苦的话，那么地震曾经带给我们的伤害和损失就是值得的。

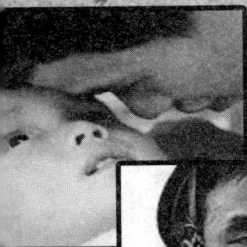

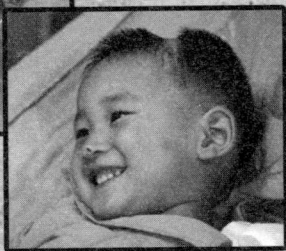

汶川大地震的发生，让世人又一次将目光聚焦到地震上来，有关地震的预测预报问题引发了更为激烈的争论，同时，更多的人也开始从地震中反思，思考地震都给了我们怎样的启示。地震的巨大破坏力对比出人类在自然面前的渺小，然而人类真的在地震面前无所作为了吗？回答显然是否定的。地震发生后，人们有了更为积极的防震减灾意识，懂得了居安思危，树立起了忧患意识。人们对于建筑安全的重新认识，把建筑的防震功能作为了首要的考虑因素，追求更为安全的居所和公共设施。地震的发生，也让我们的科学工作者加紧了地震研究的脚步，而不是坐以待毙。地震，也让我们社会上的每个人开始思考自己的行为，开始思考自己与自然的和谐相处。

1. 民众防震减灾意识提高

作为灾害的地震难以避免，针对地震的预报难以实现的情况下，防震减灾意识的有无往往直接决定了人们的生命财产损失的大小。其实在汶川地震发生之前，学者已经做出过在几年之内四川会发生7级以上地震的预测。对于地处地震发生概率极高地区的学校，加强学校建筑质量维护和进行防震安全演练是应该采取的最基本措施。然而，在地震来临的那一刻，我们发现，大批的学校校舍发生倒塌，学校没有能够有效地进行撤离组织，导致师生伤亡数字巨大。

　　地震给我们带来最大的警示和思考就是居安思危、防患于未然，流传在汶川大地震中的两个人的两个故事给了我们最好的诠释。一是北川刘汉希望小学捐助人、汉龙集团老板刘汉打造的"最坚固小学"令500余名师生安然无恙；一是安县桑枣中学校长叶志平奇迹般地让2200余名师生毫发未伤。

　　北川刘汉希望小学500余名师生及时疏散，安然无恙，源于他们这座小学三层教学楼的坚固。当时虽然在一二楼的学生及时跑到操场，但在三楼原地蹲下的学生也未有危险，其原因是这座楼经受住了大震的检验。在投资这座希望小学时，做建材和贸易起家的刘汉对建筑进行了严格把关，保证了资金全部用于建筑上，保证了建筑质量的可靠，最终也保证了师生的安全。

刘汉希望小学

　　四川安县桑枣中学校长叶志平，常年坚持对教学房屋进行加固，定期演练紧急情况下师生疏散。5·12 地震发生时，全校共 2200 名学生、上百名教职员工全部按平时演习路线冲到操场以班级为方队集中，毫发未损，整个过程仅用时 1 分 36 秒。

震后的桑枣中学宿舍

灾区在重建过程中更应该有居安思危的忧患意识，上述两人的做法值得推广。作为个人，无论是发生过地震的地区，还是没有发生过地震的地区，都应该从这次地震中吸取经验和教训。要树立一种防震减灾的意识，掌握必要的知识和技能，用以应对可能出现的突发情况，当然并不限于地震。

日本岩手地震造成公路中断

提高防震减灾意识，掌握地震发生时的自救互救能力，对于保护自己至关重要。就在汶川地震发生后不久，日本东北地区的岩手县发生了里氏 7.2 级地震，但伤亡非常小。我们从这个例子中就能看出拥有防震减灾意识有多么重要。日本是地震多发的国家，其成功的地震减灾对策，对民众进行的防震知识教育对于减小地震损失起了很大的作用。

日本的防震减灾教育真正做到了从娃娃抓起，幼儿园的小朋友都要进行这类训练。一般的日本人都具备这些知识：家里常备一瓶水、一点食品，放在容易取到的位置；地震来了不坐电梯；楼层太高的话，就不跑楼梯，而是躲进厕所这种结构较小的房间里。另外，适时进行的防震演习活动也对减小损失有帮助。地震演习主要是在演习中发现问题，提高整个社会在地震到来时的行动、救灾效率。实践已经表明，地震真正发生时，这种模拟演习起到了很好的作用。同时，提高地震预测、预警的准确性，也是防震减灾的重点。日本在这次强震中新使用的一套预警速报系统，抢先几秒钟预报了地震的发生，从而也减小了一些损失。以人类还不能准确预报地震的现实来看，加强防震减灾的意识，以减灾为主，比依靠尚难实现的准确预报要好得多。

青少年要注意加强防震减灾知识的学习，掌握防震减灾和次生灾害防范的常识，掌握自救互救的方法和技巧，学会保护自己，在保证自己安全的状况下，学会施救别人。青少年学生还可以通过参加社会上组织的防震减灾科普讲座，参与公共场合的演练演习来提高自己的抗震水平。总之，在当前构建和谐社会的今天，能否拥有防震减灾意识和抗御地震灾害的能力，也已成为衡量一个人知识水平和素质修养的重要标志。提高防震减灾提示，懂得保护自己，是对自己负责，也是一件对社会有益的事。

2. 防震成为首要考虑因素

建筑质量在地震安全中具有举足轻重的作用。建筑质量有保证，人员伤亡和地震损失就小；建筑质量不可靠，人员伤亡和财产损失则会非常惨重。在汶川地震中，有的学校的教学楼屋顶采用了我国法律明确规定禁止使用的预制板，而不是钢筋水泥现场浇注；有的学校建筑的倒塌废墟中，我们根本找不到真正的钢筋，而只有很细的铁丝。难怪有人说："杀死人的不是地震，而是建筑。"

如果说劣质建筑对生命构成威胁的话，那么坚固的建筑则是对地震中人们生命进行保护的第一道屏障。刘汉希望小学和安县桑枣中学就是例子。另外，前面提到的日本岩手县 7.2 级地震，伤亡情况非常小的一个很重要原因就在于建筑质量的可靠，具体而言，就是当地的建筑物已经按照抗震标准的要求进行了设计建造。日本是一个地震多发的国家，对地震的长期预报也较有把握，即对于在未来某时间段内可能发生某级地震的预测校准。因此日本政府以这种长期预报的结果为依据，制定出强制性的建筑物抗震标准。所以才会出现在发生破坏性地震时，整幢办公大楼被整体震倒，但是楼内所有的人都从窗户里"走"了出来，整座建筑的结构依然能够保持完整。可以预见，如果在地震中的所有建筑都有这样的抗震性，那伤亡和损失就要小得多。有鉴于此，现在包括我国在内的地震多发国家，在住宅建筑和重大工程建设上，都把建筑的防震水平作为了首要的考虑因素。

以北京为例，民用住宅的抗震设防烈度为 8 度，按照这个标准进行设防的建筑一般能抗 6 级左右的地震；如果一旦发生影响烈度为 8 度左右的地震，北京市正规设计和施工质量有保证的建筑的基本功能不受影响，可以说不需要个别维修或经过一般维修仍可继续使用，能够保证建筑物的正常运行；对于重大建设工程、易产生严重次生灾害工程、奥运工程及城市重要生命线工程的抗震设防水准更高，遭遇这类地震时能够正常运行。

由于重大工程涉及公共安全，因此在重大工程的审批、选址、验收等方面都应加强防震因素的考虑，严格把关，做到把隐患消灭在萌芽状态，因为这对于保证人们的生命财产安全非常重要，是对整个社会有益的事。

国家体育场——鸟巢

校舍的建设和维护问题，成为汶川大地震后人们普遍关注的一个问题。校舍安全关系到师生的生命安全，建设高质量的校舍是保证师生生命安全的前提，因此把防震作为学校建筑的首要考虑因素成为共识。定期对学校建筑进行排查，校舍建设高度设防，防震安全校长负责制的呼声越来越高。

另外，和大家密切相关的房屋装修中，也应该考虑防震的因素，如果不扫除这方面的知识盲区，就可能给未来的安全埋下隐患。房屋的装修过程中，要注意墙体的保护，尽量不要拆除阳台窗下墙，地面的装修不要过厚，阳台勿加压，物品的固定要规范和安全。特别要提醒的一点是，很多人认为非承重墙并不承重，但实际情况并非如此。因为相对于承重墙来说，非承重墙是次要的承重构件，但同时它又是承重墙极其重要的支撑。它至少要承受两部分载体，一部分是墙体的自重，它要承受上面各层墙体的重量；另一部分从结构上讲，非承重墙通常还是设计上的抗震墙。也就是说，如果发生地震，这些非承重墙将和承重墙一起承受地震力。所以，就某一个家庭来说，拆除其没有太大问题，但如果整栋楼都这么做的话，将大大降低楼体的抗震力。在地震中，6至7层的多层楼房其受力点多在2楼，而高层建筑的受力点则在4、5楼，因此这些楼层在装修中更应该考虑到防震的因素。

除了考虑建筑上的安全，做好公共避险场所的建设和维护也是很重要的。建筑安全，是为了让我们在地震发生的那一刻，不至于发生建筑倒塌而造成人员伤亡的悲剧，而公共避险场所的存在则是为人们在地震发生以后提供避险的场所。其实，这样的避险场所就在我们身边，像平坦的广场、大片的草地、学校里的学生操场本身就都是紧急情况下的避险之地。通过对建筑质量的控制和公共避险场所的建设，把这些防震因素的考虑落到实处，再加上人们的防震减灾意识，就是抗震的最有力武器。

绿地可作为临时避险场所

3. 地球科学研究加快脚步

地震是发生在地球内部的一种活动，对地震研究的不断深入，促进了地球科学的整体发展，地球科学各学科也都加快了前进的脚步。地球科学是以地球系统（包括大气圈、水圈、岩石圈、生物圈和日地空间）的过程与变化及其相互作用为研究对象的基础学科。主要包括地质学、地球物理学、大气科学、海洋学、水文学、气象学、自然地理学、地形学、土壤学、矿物学、古生物学、沉积学、大地测量学、环境科学、地球化学。当然，地球科学是一个很大的范畴，几乎辐射到自然科学的各个领域，因此就其分类和包含的学科还有其他的表示方式，比如地球系统科学、地球信息科学等交叉学科也可以算入地球科学的范畴。

在很多情况下，地震学研究和地质学、地形学、水文学、大地测量学等学科本身就是同时进行的，并且彼此之间也有相互促进的作用。像大地测量学、地质学本身就是地震研究进行的前提和必要准备，反过来，地震研究的深入也对这些学科产生反哺的作用。地震与气候、环境的密切联系也使得环境科学、气候学的研究与地震学研究密切相连。地球科学的其他学科和地震学也都有着或多或少的联系。

地震研究的深入，使地球科学研究加快脚步，反过来也可以说，地球科学的日益进步，为地震学的前进铺平了道路。我们知道，科学是无止境的，我们对地震的研究也不会停止，地球科学的发展也永无止境。

除了对地震的形成机理和预报进行探索外，人类也已经开始思考如何利用地震产生的能量了。地震的破坏是巨大的，是因为地震发生时要释放出巨大的能量，所以关于地震能量是否能够加以利用，从而实现"变害为宝"也成了科学家们探索的方向。世界上有记录的最大地震为8.9级，如果把这样的地震所释放的能量换算成电能，约相当于一座100万千瓦的发电厂，连续发电25年所发出的总电量。然而，面对如此巨大的能量，我们目前的科技水平还无法实现对其的利用，一是没有什么设备能力吸引并储备起来如此大规模的能量，二是没有什么技术能够在地底把地震能量转化为其他形式的能量，而且最为主要的是，地震能量的释放是不可控的且极不稳定。人类已经可以对"温和"的火山能量进行利用，相信随着人类对地震规律的更深刻认识，人类一定可以找到控制这些能量过程的方法，到了那时，地震这个今天人们避之唯恐不及的"瘟神"将会显露出其有益的一面，甚至因为人类在地震能量的孕育过程中就对其进行了"化解"利用，有破坏的地震也许根本就不会再发生在我们的地球家园里。

4. 人类开始反思自己的行为

我们知道，地震的发生大多数情况是地球内部热运动的结果，但人类自身的活动也可能会引起地震，比如地下核爆炸或是开矿爆破就可能引发地震。从更广的角度上看，人类在为世界创造财富，向自然界索取资源的时候，本身就会对地球产生影响，而且有些影响是巨大的。这些人类的行为会不会是造成地震产生的一个原因呢？这也应该是我们思考的一个问题。

地震的发生，尤其是有巨大破坏力地震的发生，与其他的自然灾害一起，让人类蒙受巨大的损失。无数无辜生命的伤亡和巨额的财产损失，除了让我们痛彻心扉，并坚定起战胜未知世界，去探索自然的奥秘的同时，也应该让我们开始反思自己的行为，产生这样的启示：善待自然，节约能源。

你是否会在并不是很热的房间里，随手就打开了空调？

你是否会在天还没黑的时候，根本不需要灯来照明的时候打开了灯，又或

保护地球，珍爱生命

· 197 ·

者是离开房间的时候总是不及时关灯呢？

你是否把还很干净的水直接倒掉，而去重新接水来冲洗拖把呢？

你是否经常使用一次性的餐具，而浪费了大量的资源并制造了大量的白色污染呢？

……

其实，我们在爱惜生命的同时，也应该懂得去爱惜自然。唯有如此，地震造成的伤害才算是有"意义"，所有的灾难造成的伤害也才算是有"意义"。